科特勒新营销系列

营销革命

Marketing 3.0

From Products to Customers to the Human Spirit

3.0

从价值
到价值观的
营销

[美] 菲利普·科特勒（Philip Kotler）
[印尼] 陈就学（Hermawan Kartajaya）———— 著　廉晓红 ———— 译
[印尼] 伊万·塞蒂亚万（Iwan Setiawan）

机械工业出版社
CHINA MACHINE PRESS

图书在版编目（CIP）数据

营销革命 3.0：从价值到价值观的营销 /（美）菲利普·科特勒 (Philip Kotler),（印尼）陈就学 (Hermawan Kartajaya),（印尼）伊万·塞蒂亚万 (Iwan Setiawan) 著；廉晓红译 . -- 北京：机械工业出版社, 2025.6. --（科特勒新营销系列）. -- ISBN 978-7-111-78649-8

Ⅰ. F713.50

中国国家版本馆 CIP 数据核字第 2025Z3W010 号

机械工业出版社（北京市百万庄大街 22 号　邮政编码 100037）
策划编辑：刘　静　　　　　　　　　责任编辑：刘　静　孙　旸
责任校对：高凯月　杨　霞　景　飞　责任印制：李　昂
涿州市京南印刷厂印刷
2025 年 9 月第 1 版第 1 次印刷
170mm×230mm・14 印张・1 插页・131 千字
标准书号：ISBN 978-7-111-78649-8
定价：69.00 元

电话服务　　　　　　　　　　网络服务
客服电话：010-88361066　　　机 工 官 网：www.cmpbook.com
　　　　　010-88379833　　　机 工 官 博：weibo.com/cmp1952
　　　　　010-68326294　　　金 书 网：www.golden-book.com
封底无防伪标均为盗版　　　机工教育服务网：www.cmpedu.com

献给将为营销学科做出更多社会贡献和环境贡献的下一代营销人。

——菲利普·科特勒

献给我的长孙戴伦·何麻温，下一位伟大的营销人。

——陈就学

感谢路易丝无尽的支持。

——伊万·塞蒂亚万

营销 3.0 时代是消费者高度赋权的时代

	营销1.0	营销2.0	营销3.0
	产品导向营销	消费者导向营销	价值观导向营销
目标	销售产品	满足和留住消费者	让世界变得更好
推动力量	工业革命	信息技术	新技术浪潮
企业如何看待消费者	有物质需求的普通购买者	有思想和情感的更聪明的消费者	有思想、情感和精神追求的完整的人
核心营销概念	产品开发	细分市场	价值观
企业的营销准则	产品规格	企业和产品的定位	企业的使命、愿景和价值观
价值主张	功能	功能和情感	功能、情感和精神追求
与消费者的互动	完成一对多的交易	建立一对一的关系	达成多对多的协作

营销革命 3.0——从
"消费者"的营销到
"人"的营销

科特勒先生著作等身,其旗舰作品《营销管理》在全球已经累计销售近千万册,培养了几代企业家和营销人!在他这么多著作中,他自己认为最有思想性和前瞻性的就是这本《营销革命3.0》。营销革命3.0正是在社会价值观巨变和消费者力量崛起的背景下,商业社会的自我拯救之道。

当代科学哲学历史主义学派的主要代表、美国著名科学哲学家托马斯·库恩(Thomas Kuhn)在《科学革命的结构》中提到:社会科学的发展总是先被社会的发展所牵引,之后又来牵引社会的发展。近50年来,营销学(抑或是管理学)作为社会科学的一种,在市场乃至整个社会、时代的发展过程中不断产生新的思想,如需求管理、市场营销战略、国际营销、社会营销等,不断地促进企业、组织机构与消费者之间交易关系的建立,推进资源流动带来的社会福利增值。菲利普·科特勒教授无疑是这些营销思想的集大成者和持续的开拓者。科特勒教授从来都不是一个传统意义上的"营销"大师，他是一个满怀慈悲的科学家、建筑师和艺术家。当营销还是流传于营销人员之间的琐碎技巧的时候，科特勒教授第一个搭建了营销科学体系的大厦；当营销还只具备企业贩卖产品职能的时候，科特勒教授提出了全方位营销；当营销还热衷于市场细分竞争的时候，科特勒教授提出了水平营销。这一次，当大多数企业还在把消费者当成猎物、把获客裂变当成增长法宝、把传播技术当成营销变革的时候，科特勒教授再一次走在了营销前沿，给业界带来了营销 3.0。营销 3.0 使我们从狭隘地关注短期的利润、产品、消费者，变为深切地关注更加美好的世界，关注那些人类千百年来信仰的精神和正能量价值。营销 3.0 描述了一个新的营销世界，带领我们从"我"营销向"我们"营销转变，从"消费者"营销向"人"营销转变，给我们提供了一个看待当今消费者的全新视角，指出了进入马斯洛需求层次理论中最高层次——"自我实现的需求"的路径。

科特勒教授指出，社交媒体和生活场景的数字化趋势使新一代消费者和企业信息不对称的程度越来越低，战略营销也已经上升为和宏观经济相平衡的一种概念。在当前全球化风潮巨变、消费者需求不足、贫富差距日益悬殊、气候变化加剧和污染日益严重的情况下，时代对营销的使命提出了新的诉求：营销必须拓宽视野，将自身的关注点从消费者需求上升到人类精神层面。科特勒教授将营销的演进划分为三个阶段：营销 1.0 时代，即"以产品为中心的时代"，这个时代营销被认为是一种纯粹的销售、一种关于说服的艺术；第二个阶段是营销 2.0 时代，即"以消费者为中心的时代"，企业追求与消费者建立紧密联系，不但提供产品使用功能，更为消费者提供情感价值，因此企业与产品都追求独特的市场定位，以期为消费者带来独一无二的价值组合；如今我们见证了第三个阶段——营销 3.0 时代，即"以人为中心的时代"，在这个新的时代中，营销人员不再仅仅把消费者视为购买东西的人，而是把他们看作具有思想、情感和精神追求的完整的人，企业的盈利能力和它是否承担了企业社会责任、是否与消费者价值观产生共鸣息息相关。

本书中最值得我们关注的是，科特勒教授的营销 3.0 已经把营销理念提升到一个关注人类期望、价值和精神的新高度。在营销 3.0 时代，"消费者"被还原成"整体的人""丰富的人"，而不是以前简单的"目标人群"，"交换"与"交易"被提升为"互动"与"共鸣"，营销的价值主张从"功能与情感的差异化"被深化至"精神与价值观的响应"。这一切的还原、提升乃至深化，折射出人类社会在新社会与科技浪潮下出现的在迈向平等、共赢与消费者参与方面较之以往所表现出的伟大飞跃。在这些原始假设改变的情况下，企业不仅仅要做品牌，还要打造"人设和价值观"。企业将营销的中心转移到如何与消费者积极互动，将尊重消费者作为"主体"的价值观，识别并满足他们最深层次的渴望，回应其内心的担忧，让消费者更多地参与营销价值的创造。因此，科特勒教授也把营销 3.0 称为"价值观驱动的营销"。

我认为，科特勒教授提出的"价值观驱动的营销"对于中国市场尤其具有参考意义。一方面，中国部分企业承担的社会责任似乎与其成长不成正比。近年来一些"著名品牌"在食品安全和药品安全方面问题不断，企业热衷于通过公关、概念性营销炒作市场，造成企业使命"表面化""纸面化"的趋向尤其严重，本来应有的"企业—消费者"共赢变成了猜忌与博弈，企业的可持续发展令人担忧。践行营销3.0就是提倡将营销实践和价值观融为一体，企业必须依靠倡导和实践积极的价值观生存，这些价值观使得企业具有了不同的个性和目的。另一方面，企业推动"价值观驱动的营销"也是在当今高度同质化的营销竞争中实现差异化的有效手段。产品功能与情感诉求已经步入无感时代，如今新顾客的获取非常难，而老顾客的留存率又逐年下降。在这样的竞争格局下，营销3.0帮助企业塑造独特的积极价值观，与顾客产生深度共鸣，形成忠诚的顾客粉丝，从而提升顾客终身价值，这是营销3.0驱动企业价值增长的核心原理。

消费者是营销的起点和终点，所有的营销理论和实践都是为了应对不断变化的消费者。我们知道"被网络连接的消费者正在改变商业世界"，我们不知道的是——被连接的消费者越来越像具有共同精神追求和共同价值观的立体的"人"。人第一次成为营销主体！在营销1.0和营销2.0时代，企业面对的都是"消费者"，消费者看起来像猎物，企业的营销策略像狩猎计划，而营销教科书看起来更像狩猎指南！营销3.0超越了琐碎而狭隘的"营销技术与手艺"，使营销进入了宏大的与人类精神和根本需求相关的新境界。营销不再是狩猎消费者的雕虫小技，营销第一次站在了推动社会变革和提升人类幸福感的前沿。

营销 1.0 和营销 2.0 并不会消亡，但是，具有全新的"人文精神"的消费者正在登上舞台。科特勒教授为我们打开了这一营销新趋势的大门。这些新消费者关注的事物已经远远超出了狭隘的自身利益，他们具有比老一代消费者更加广阔的视野和多样的诉求。他们对环境改进、可持续发展、社区美好生活、社会责任、快乐和幸福的意义都有高度的敏感和渴望。新一代消费者不再被"隔离"，他们通过网络广泛连接，企业和消费者的关系不再是一对一或一对多，而是多对多。所有的企业都试图以"绿色环保"来取悦那些以"绿色"为核心价值的消费者。这些被连接起来的消费者比任何一个企业营销人员和公关人员都聪明，任何虚伪和装腔作势都无法欺骗他们。因此，企业的最高领导层、品牌管理团队和营销团队必须深刻认识并快速接纳这种由千百万名普通消费者组成的"人文精神"的力量对品牌的影响。企业必须和利益相关者共同创造价值，企业不再是主导者，它必须变得和消费者一样具有前瞻性。

尽管本书的有些内容可能显得过于理想化或略超前，还有些概念缺乏明确的定义，但是，本书的贡献在于科特勒教授站在新一代消费者的视角提出了营销的新视角、新方向和新方法，并对营销自身的价值和意义进行了严肃的反思。本书不是潮流之作，而是科特勒教授在过去几十年中潜心观察和研究的结晶。科特勒教授之前出版的三部著作可以被看作本书的前传和铺垫，它们是《社会营销》《企业的社会责任》和《科特勒谈政府部门如何做营销》。

　　本书是科特勒教授几十年来营销研究和实践的前瞻之作，我建议每一位企业家、经理人、社会工作者和研究人员都认真阅读，它将为你打开一个全新的营销世界！

科特勒咨询集团（KMG）中国区总裁

曹虎

MARKETING

3.0

推荐序二

迈进以创造力、文化、传承和环境为导向的第四个时代

阿尔文·托夫勒认为，人类文明可以根据经济特征划分为三个时代。第一个时代是农业时代，这个时代最重要的资本是农业用地。印度尼西亚无疑拥有丰富的此类资本。第二个时代是在英国和欧洲其他地区经历工业革命后出现的工业时代，这个时代至关重要的资本是机器和工厂。第三个时代是信息时代，思想、信息和高科技成为在这个时代取得成功的必要资本。今天，人类面临着全球变暖的挑战，我们正在迈进以创造力、文化、传承和环境为导向的第四个时代。这也是我领导印度尼西亚前进的方向。

我在读这本书的时候，可以看到营销也在朝着这个方向发展。营销3.0在很大程度上依赖于营销人员感知人类焦虑与渴望的能力，而这些焦虑与渴望都源自创造力、文化、传承和环境。对印度尼西亚来说尤为如此，因为这个国家正是以文化和传承的多样性而闻名的。同时，印度尼西亚也是一个高度受价值观驱动的国家，精神性

一直是我们生活的核心。

书中介绍了一些成功的跨国公司支持联合国千年发展目标，减轻发展中国家贫困和失业现象的案例，这些案例让我十分欣慰。我认为，公共私营合作制（public-private partnership，PPP）一直是经济增长强有力的基础，特别是在发展中国家。使印度尼西亚生活在金字塔底层的人民脱离贫困是我的使命，对此本书也大有帮助。它还支持印度尼西亚为保护环境这一最强大的资产所付出的努力。

总之，我很骄傲印度尼西亚有两位著名的营销大师投入精力，参与撰写一本让世界变得更美好的书。恭喜菲利普·科特勒、陈就学和伊万·塞蒂亚万完成了这本激荡思维的著作。我希望所有读过这本书的人都能受到鼓舞，改变我们生活的世界。

苏西洛·班邦·尤多约诺，
2004 年至 2014 年任印度尼西亚总统

MARKETING
3.0
前　言

　　我们的世界正在经历快速而痛苦的变化。不幸的是，最近发生的金融危机加剧了贫困和失业问题，世界各国纷纷推出各种刺激计划来对抗这些问题，以求恢复消费者信心和经济增长趋势。此外，气候变化和日益严重的污染使各国不得不采取措施，限制向大气中排放二氧化碳，但这给企业带来了更大的负担。而且，西方富裕国家现在的增长速度大幅减缓，经济影响力正迅速转移到增长速度更快的东方国家。从技术角度来看，我们正在从机械世界转向数字世界——互联网、计算机、手机和社交媒体——这将对生产者和消费者的行为产生深远的影响。

　　类似这样的变化要求我们对营销进行深刻的反思，可以把市场营销看作与宏观经济相平衡的概念。只要宏观经济环境发生变化，消费者的行为就会发生变化，消费者行为的变化将导致营销也随之变化。在过去的 60 年里，营销已经从以产品为中心（营销 1.0 时代）转变为以消费者为中心（营销 2.0 时代）。今天，营销会为了应对环境中的新动态而再次转变。我们看到企业将关注的重点从产品扩展到了消费者，又扩展到了人类议题。在营销 3.0 时代，企业将从以消费者为中心转变为以人为中心，盈利能力将与企业责任并重。

我们发现，企业不是在竞争激烈的世界中独自拼搏、自给自足，而是与由员工、分销商、经销商和供应商构成的忠诚的网络通力协作。如果企业仔细选择网络中的合作伙伴，大家的目标一致，回报公平且具有激励性，那么企业及其合作伙伴将结合为一个具有强大竞争力的整体。为了做到这一点，企业必须与合作伙伴分享其使命、愿景和价值观，从而齐心协力地实现目标。

我们在本书中介绍了企业可以如何向每个主要的利益相关者营销其使命、愿景和价值观。企业是通过为客户和利益相关的合作伙伴创造卓越的价值来获得利润的。我们希望企业将客户视为战略起点，并愿意用充满人性化的方式解决客户的问题，关注他们的需求和关切点。

本书分为三篇。第一篇总结了有哪些关键的商业趋势使以人为中心的营销势在必行，并为营销 3.0 时代奠定了基础。第二篇展示了企业可以如何把自己的愿景、使命和价值观同每个关键利益相关者分享，包括消费者、员工、渠道合作伙伴和股东。第三篇分享了几个通过实施营销 3.0 来解决健康、贫困和环境可持续性等全球问题的重要案例，讨论了企业如何通过以人为中心的商业模式，为解决这些问题做出贡献。其中，最后一章总结了营销 3.0 战略的十个信条，并精选了几个在商业模式中采用营销 3.0 的企业案例。

关于本书源起的说明

营销 3.0 的概念是由 MarkPlus 公司的一组咨询顾问于 2005 年 11 月在亚洲首次提出的。MarkPlus 是一家东南亚地区的营销服务公司，由陈就学领导。菲利普·科特勒和陈就学共同工作了两年时间来完善这个概念，随后在东南亚国家联盟（ASEAN）成立 40 周年之际，在雅加达完成了本书的初稿。印度尼西亚是二十国集团中唯一一个东南亚国家，凭借"以人为本"的思想和注重"精神性"的特质克服了多样性带来的挑战。美国前总统贝拉克·奥巴马曾在印度尼西亚度过四年童年时光，对东方的人文主义思想有所了解。营销 3.0 理念是在东方诞生和完善的。我们还很荣幸地邀请到印度尼西亚前总统苏西洛·班邦·尤多约诺为本书作序。

伊万·塞蒂亚万是 MarkPlus 公司参与提出营销 3.0 概念的咨询顾问之一，他与来自世界顶尖商学院西北大学凯洛格管理学院的菲利普·科特勒合作，深入论证了营销 3.0 在世界经济新秩序和数字世界中的重要性。

MARKETING
3.0
作者简介

菲利普·科特勒　美国西北大学凯洛格管理学院国际市场学 S.C. 约翰逊荣誉教授，被誉为"现代营销学之父"，被《华尔街日报》评为"六位最具影响力的商业思想家"之一。

陈就学　MarkPlus 公司创始人兼首席执行官，被英国特许营销协会（the Chartered Institute of Marketing）评为"塑造营销未来的 50 位大师"之一。

伊万·塞蒂亚万　MarkPlus 公司高级咨询顾问。

MARKETING
3.0
目 录

MARKETING 3.0

PART 1
第一篇

趋 势

MARKETING

3.0

第 1 章

拥抱营销 3.0 时代

为什么会出现营销 3.0 时代

这些年，营销实践经历了三个发展阶段，我们可以分别称之为营销 1.0 时代、营销 2.0 时代和营销 3.0 时代。现在许多营销人员的实践仍然停留在营销 1.0 时代，有些人进入了营销 2.0 时代，还有少数人正在步入营销 3.0 时代。最大的机会属于那些践行营销 3.0 理念的人。

很久以前，在工业时代，核心技术是工业机械，营销就是把工厂的产品卖给每一个愿意购买的人。工厂生产的都是基础产品，是为了服务大众市场而设计的。企业的策略是实现标准化和规模化，尽可能降低生产成本，从而降低商品价格，让更多的人买得起。亨利·福特的 T 型汽车正是这一策略的缩影。福特说："消费者可以选择任何颜色的汽车，只要它是黑色的。"这就是营销 1.0 时代，或者叫以产品为中心的时代。

营销 2.0 理念诞生于当今以信息技术为核心的时代。营销工作不再那么简单了。今天的消费者消息灵通，可以轻松地比较类似的产品。产品的价值由消费者定义，他们的喜好千差万别。所以营销人员必须细分市场，为特定的目标市场开发有针对性的优质产品。"消费者至上"的黄金法则适用于大多数公司。消费者的需求和欲望得到满足，生活质量大大提升，他们可以从多种功能特性和替代品中进行选择。今天的营销人员试图触动消费者的思想和情感。但遗憾的是，以消费者为中心的营销方式所隐含的观点是，消费者只是营销活动的被动接受者。这是营销 2.0 时代的观点。

现在，我们正在见证营销 3.0 时代（或称价值观驱动时代）的兴起。营销人员不再简单地把人视为做出消费行为的人，而是将他们视为有思想、情感和精神追求的完整的人。越来越多的消费者对如何让日益全球化的世界变得更加美好深感焦虑，并在寻求缓解这种焦虑的办法。他们对于社会正义、经济正义和环境正义有着深切的需求，并在这个充满困惑的世界里寻找那些能够在使命、愿景和价值观等方面满足这些需求的公司。他们不仅在选择的产品和服务中寻求功能和情感上的满足，还在追求精神上的满足。

与以消费者为中心的营销 2.0 理念类似，营销 3.0 理念以人为中心。实践营销 3.0 理念的公司有更宏大的使命、愿景和价值观，致力于为世界做出贡献，它们的目标是为社会问题提供解决方案。营销 3.0 理念将营销的理念升华到了人类愿景、价值观和精神追求的层面。根据营销 3.0 理念，消费者是完整的人，他们在消费之外的其他需求和渴望不应被忽视。因此，营销 3.0 理念将情感营销与精神营销融合起来。

在出现全球经济危机的时候，营销 3.0 理念对消费者生活的影响会更大，因为巨大的社会、经济和环境变化会给他们带来更多的冲击。流行病肆虐、贫困加剧、环境破坏日益严重，实践营销 3.0 理念的公司给遭遇这些问题的人提供了答案和希望，从而会在更高的层面触动消费者。在实践营销 3.0 理念的过程中，各家公司会依靠其秉持的价值观实现差异化。在动荡时期，这种差异会变得非常鲜明。

表 1-1 全面总结了营销 1.0、营销 2.0 和营销 3.0 时代的区别。

为了更好地理解营销 3.0 理念，让我们来研究一下塑造营销 3.0 商业格局的三大推动力崛起：参与时代、全球化悖论时代和创造型社会时代。观察这三大推动力如何将消费者变得更具协作性、文化性，更为精神所驱动。理解了这一转变，便能够更好地理解营销 3.0 是联结协作营销、文化营销与精神营销的纽带。

表 1-1 营销 1.0、营销 2.0 和营销 3.0 时代对比

	营销 1.0 产品导向营销	营销 2.0 消费者导向营销	营销 3.0 价值观导向营销
目标	销售产品	满足和留住消费者	让世界变得更好
推动力量	工业革命	信息技术	新技术浪潮
企业如何看待消费者	有物质需求的普通购买者	有思想和情感的更聪明的消费者	有思想、情感和精神追求的完整的人
核心营销概念	产品开发	细分市场	价值观
企业的营销准则	产品规格	企业和产品的定位	企业的使命、愿景和价值观
价值主张	功能	功能和情感	功能、情感和精神追求
与消费者的互动	完成一对多的交易	建立一对一的关系	达成多对多的协作

参与时代和协作营销

在过去的一个世纪里，技术进步给消费者、市场和营销带来了巨大的变化。工业革命时期的生产技术发展引发了营销1.0。营销2.0是信息技术和互联网的产物。现在，新浪潮技术成为催生营销3.0的主要驱动力。

从2000年年初开始，信息技术渗透到主流市场，并进一步发展为所谓的新浪潮技术。新浪潮技术是一种能够实现个人和群体之间连接和互动的技术，主要由三个部分组成：廉价的电脑和手机、低成本的互联网，以及开源模式。[1]新浪潮技术使每个个体都能自我展现并与他人协作，它的出现标志着一个

新时代的到来，太阳微系统公司（Sun Microsystems）主席斯科特·麦克尼利称之为参与时代。在参与时代，人既是新闻、观点和娱乐内容的消费者，也是它们的创造者。新浪潮技术使人从单纯的消费者转变为产消者（prosumer）。

推动新浪潮技术发展的因素之一是社交媒体的兴起。我们可以将社交媒体分为两大类。一类是表达型（expressive）社交媒体，包括博客、推特[⊖]、YouTube、脸书、照片分享网站 Flickr 等。另一类是协作型（collaborative）社交媒体，包括维基百科、烂番茄和 Craigslist 网站等。

表达型社交媒体

我们来看看表达型社交媒体对营销的影响。根据博客搜索引擎 Technorati 的统计，2008 年年初全球有 1300 万个活跃的博客账号。[2] 与纸质媒体的读者群一样，不同国家的博客读者群也各有其特点。在日本，74% 的互联网用户会浏览博客，而在美国只有约 27% 的互联网用户会浏览博客。尽管浏览总人数不多，但 34% 的美国博客用户有很多粉丝，因此浏览过博客的群体中，有 28% 的人会采取后续行动。[3] 赛斯·高汀是著名的营销大师，他运营了一个广受欢迎的网站，这个网站每天都会提供一个新想法，影响着成千上万名选择接收他的信息推送的人。

另一种增长迅速的社交媒体就是推特。从 2008 年 4 月到

⊖ 推特现已更名为 X。——译者注

2009 年 4 月，推特用户数量增长了 1298%。[4] 用户可以利用这个微型博客网站向粉丝发布 140 个字符以内的推文。它的操作比博客简单得多，用户可以很方便地用 iPhone 和黑莓手机等手持设备发送推文。通过推特，用户可以与朋友或粉丝分享他们的想法、活动，甚至情绪。据说，演员阿什顿·库彻在推特上的粉丝数突破了 100 万大关，超过了美国有线电视新闻网（CNN）。

　　许多博客和推文是相当私人的，发布者通过它们与他挑选出来的人分享新闻、观点和想法。有些博客和推文的发布者想对新闻发表评论，或单纯地发布突然冒出来的想法。还有些博主和推特用户可能会对公司和产品发表评论，支持或批评它们。一个粉丝众多的博主或推特用户如果被激怒，可能会劝退许多消费者，使他们不再愿意与某家公司或组织打交道。

　　博客和推特也在企业界流行起来。例如，IBM 鼓励员工创建自己的博客，只要遵循某些基本原则，就可以在博客上自由地谈论公司。另一个例子是通用电气，该公司成立了一个由一群年轻员工组成的推特小组，负责培训年纪稍长的员工使用社交媒体。

　　还有很多人在创作短视频，并把它们上传到 YouTube 供全世界观看。其中许多人都是有志向的电影制作人，他们希望此举能够使自己的创造力得到认可并得到更多的机会。有些组织制作视频片段是为了支持或反对某项事业或活动，有些公司制作视频是为了宣传它们的产品和服务。服装潮牌 Marc Ecko 的

《空军一号》恶搞剧是 YouTube 上一个很高调的营销活动。为了展示对涂鸦艺术的钟爱，这家服装公司制作了一段视频，让几名年轻人在"空军一号"上喷涂"沉默的自由"字样。后来该公司承认视频中的飞机不是真正的"空军一号"，它只是想贴近流行文化，在 YouTube 上树立自己的品牌形象。

随着社交媒体的表达功能越来越强，消费者通过表达自己的观点、分享个人体验来影响其他消费者的能力也越来越大，公司广告对塑造购买行为的影响力相应减小。此外，消费者开始越来越多地参与其他活动，比如玩电子游戏、看 DVD、使用电脑，看广告的人越来越少。

由于社交媒体成本低、无偏见，使用社交媒体是营销传播的未来趋势。朋友之间在脸书和 MySpace 等社交网站上的互动也可以帮助公司了解市场。IBM、惠普和微软的研究人员会挖掘社交网络数据，做用户画像分析，为员工和消费者设计更好的沟通方式。[5]

协作型社交媒体

再来看看应用开源模式的协作型社交媒体。十年前，人们知道软件可以开源，还可以协同开发。人们也知道 Linux。但是没有人认为这种协作会出现在其他行业。谁能想到会出现维基百科这样任何人都可以编辑的在线百科全书呢？

维基百科的内容是无数人贡献的。他们为这个社区共建型的百科全书创建了不计其数的主题词条，并且是自愿花时间去做的。截至 2009 年年中，维基百科已经推出 235 种语言版本，共计超过 1300 万篇文章（其中 290 万篇为英文文章）。[6]《"我们"比"我"更聪明》(*We Are Smarter than Me*) 一书的创作模式与维基百科的共创模式相似，它由上万个人共同完成，是传统图书出版行业群体协作的典范。[7]另一个例子是 Craigslist，它免费集合和显示数百万条分类广告，对销售广告版面的报纸构成了极大威胁。许多社区在这个网站上投放买卖各种商品的广告，eBay 曾经购买过该网站的部分股权。

协作也可以成为新的创新源泉。在《开放型商业模式》(*Open Business Models*) 一书中，切萨布鲁夫解释了公司如何通过众包来寻找新的想法和解决方案。[8]有一家名为 InnoCentive 的公司，它的业务就是发布企业研发过程中遇到的各种挑战，征集最佳解决方案。它既面向寻求问题解决方案的公司（解决方案寻求者），也面向能够给出问题解决方案的网友、科学家和研究人员（问题解决者）。一旦发现最佳解决方案，InnoCentive 会要求寻求解决方案的公司向问题解决者提供现金奖励。与维基百科和 Craigslist 一样，InnoCentive 也为协作提供便利。塔斯考特和威廉姆斯在他们的著作《维基经济学》(*Wikinomics*) 中详细描述了这种群体协作现象。[9]

消费者彼此协作的趋势大大影响了商业世界。今天的营销人员无法完全掌控自己的品牌，因为他们要与消费者的集体力量抗衡。消费者正在接管营销工作，威普弗思在《非品牌》（*Brand Hijack*）一书中已经预见到了这个日益明显的趋势。[10]现在，企业必须与消费者协作。当营销经理倾听消费者的声音，以便了解他们的想法、深入洞察市场的时候，协作就开始了。更高级的协作方式则是，消费者本身通过共创产品和服务，在创造价值的过程中发挥关键作用。

Trendwatching 是一个大型的趋势研究网络公司，它总结了消费者参与产品共创的动机。有些消费者喜欢向大家展示自己创造价值的能力，有些消费者希望打造一款符合自己生活方式的产品或服务，有些人想获得企业为共创活动提供的奖金，有些人将共创视为稳定的就业机会，还有些人则单纯是为了好玩。[11]

宝洁公司有一项众所周知的战略，即取代了传统研发方法的 C+D（connect and develop，连接与开发）战略。宝洁公司的开发模式就像一只海星。布莱福曼和贝克斯特罗姆认为，海星这个比喻生动地描绘了未来公司的结构——没有头，更像是一组协同工作的细胞。[12] C+D 这个开放式的创新战略，依托宝洁公司分布在世界各地的高管和供应商网络提供的新鲜的产品创意，贡献了宝洁公司 35% 左右的收入。[13]通过 C+D 战略开发出的知名产品包括玉兰油新生塑颜系列、Swiffer 除尘掸和佳洁士电动牙刷等。这个战略证明，协作也可以在信息技术以外的领域发挥作用。

　　除了参与产品共创，消费者还可以为广告贡献创意。在第21届《今日美国》年度超级碗广告排行榜上，《免费的多力多滋》这则由消费者制作的广告击败了由专业机构制作的广告。这一胜利表明，由某些消费者生成的内容往往能更好地触达更广泛的消费者，因为这些内容与消费者联系更紧密，他们也更容易理解。

　　《消费者王朝：与顾客共创价值》（*The Future of Competition*）一书探讨了消费者协作行为的增加趋势。[14] 作者普拉哈拉德和拉玛斯瓦米认为，消费者的角色正在发生变化。消费者不再是孤立的个体，而是彼此相互联系。在做决策时，他们消息灵通，不再一无所知。他们不再被动，而是积极地向公司提供有用的反馈。

　　因此，营销实践也在不断进化。在营销1.0时代，营销是以交易为导向的，关注点是如何实现销售。在营销2.0时代，营销以关系为导向，关注如何让消费者成为回头客，购买更多产品。而到了营销3.0时代，营销已经转向邀请消费者参与开发公司的产品和传播方式。

　　协作营销是构建营销3.0的第一块基石。实践营销3.0的公司致力于改变世界，它们无法独自完成这项任务。在这个充满相互关联的经济世界里，它们必须相互协作，与股东协作，与渠道合作伙伴协作，与员工协作，也要与消费者协作。营销3.0就是在具有相似价值观和渴望的商业实体之间开展协作。

全球化悖论时代和文化营销

不仅技术这个因素会影响消费者对营销 3.0 的态度，全球化也是一个重要的力量。全球化是由技术驱动的。信息技术为世界各个国家、企业和个人之间的信息交流提供了可能，而交通运输技术则为全球价值链中的贸易和其他实物交易提供了便利。和技术一样，全球化也会影响世界上的每一个人，创造一个相互联系的经济体系。但和技术不一样的是，全球化是一把双刃剑。因此在寻求适当平衡的过程中，全球化往往会带来一些悖论。

托马斯·弗里德曼和罗伯特·萨缪尔森分别代表了全球化和民族主义这两种对立的观点。一方面，弗里德曼在《世界是平的》[15] 一书中指出，现在的世界是没有边界的。得益于价格低廉的交通运输和信息技术，货物、服务和人员的流动畅通无阻。而另一方面，萨缪尔森在他的文章《世界仍然是圆的》（"The World Is Still Round"）[16] 中指出，由于政治和心理因素的驱动，国界仍然存在。全球化为世界各国创造了竞技场，但同时也给它们带来了威胁。因此，各个国家都将采取措施保护本国市场免受全球化的影响。换句话说，全球化有可能会激发民族主义。

我们至少可以列举出三个因全球化而产生的宏观方面的悖论。首先，全球化可能意味着开放经济，但不意味着开放政治。政治活动的主体仍然是国家。这是全球化带来的政治悖论。

其次，全球化要求经济一体化，但不会创造出平等的经济体。就像约瑟夫·斯蒂格利茨在《全球化及其不满》(*Globalization and Its Discontents*)一书中指出的那样，在私有化、自由化和稳定化的进程中错误百出，因此许多第三世界国家现在的情况比以前更糟。从经济角度来看，被全球化伤害的国家似乎和从中受益的国家一样多。即使在同一个国家内部，也存在财富分配不平等的现象。今天，几百万名富豪遍布世界各地。印度有50多名亿万富翁。在美国，一般的首席执行官的收入是普通员工的400倍。但很不幸，世界上仍有超过10亿人生活在极端贫困之中，每天的生活费不到一美元。这是全球化带来的经济悖论。

最后，全球化创造的不是统一的文化，而是多样的文化。1996年，本杰明·巴伯在他自己的书中断言，我们这个时代有两个相互对立的观点：部落主义和全球主义。[17]2000年，在《直面全球化："凌志汽车"与"橄榄树"》(*The Lexus and the Olive Tree: Understanding Globalization*)[18]一书中，托马斯·弗里德曼描写了凌志汽车象征的全球化体系与橄榄树象征的文化、地理、传统和社区这种古老力量之间的冲突。全球化创造了全球文化，同时也强化了与全球文化相抗衡的传统文化。这是全球化带来的社会文化悖论，也是对个人或消费者影响最为直接的悖论。

全球化带来的悖论远不止这里列举的三个，但足以说明为什么消费者行为在全球化过程中发生了变化，为什么需要采用营销 3.0 来应对和利用这些趋势。由于各种技术手段的存在，这些全球化悖论，尤其是社会文化悖论，不仅会影响国家和企业，也会影响个人。每个个体不仅是一国公民，同时也是全球公民，他已经开始感受到这种压力扑面而来。因此，许多人感到焦虑，相互冲突的价值观在他们的脑海中交织。尤其是在经济动荡时期，焦虑情绪不断加重。许多人指责全球化是导致全球经济危机的罪魁祸首。

查尔斯·汉迪认为，人们不应该试图解决这些悖论，而应该尝试管理它们。[19] 要做到这一点，人们需要一种生活中的连续感。人们会寻找与他人的联结，融入本地社区。但是在充满悖论的时代，当人们开始联合起来支持非营利组织"仁人家园"或环境组织"塞拉俱乐部"这样的社会事业时，方向感也是必不可少的。在面对这样的社会事业时，全球化会对我们的生活产生积极的影响。全球化悖论让人们更能意识到和更加关心贫困、不公平、环境可持续性、社区责任和社会目的等议题。

全球化悖论带来的一个主要影响是，现在的企业都争相展示自己能够为消费者提供连续性、联结和方向。霍尔特认为，文化式品牌的目标就是解决这些悖论。这样的品牌可以解决社会、经济和环境问题。因为它们解决了一个国家的集体焦虑和欲望，所以往往具有很高的品牌价值。[20]

文化式品牌必须是动态的，因为往往只有在某些特定时期，社会中某些矛盾比较明显的时候，它们才显得应景。因此，文化式品牌应该及时发现那些新出现的悖论。20世纪70年代，可口可乐公司创作了一则以《我想教这个世界歌唱》（I'd Like to Teach the World to Sing）为主题曲的广告。这则广告在当时非常应景，因为当时美国社会在是否支持越南战争这个问题上存在分歧。尽管人们到现在还记得这场文化营销活动，但它显然已经过时了。

要开展一场在文化上恰逢其时的营销活动，营销人员必须对人类学和社会学有所涉猎。他们应该能够意识到可能不那么明显的文化悖论。这并非易事，因为文化悖论并不是人们通常会讨论的话题。会受文化营销活动影响的消费者占大多数，但他们是沉默的大多数。他们能感受到悖论的存在，但在某个文化式品牌给出解决之道之前，他们不会正视这些悖论。

文化式品牌有时会为反全球化运动提供答案。马克·高贝在《公民品牌》（Citizen Brand）一书中指出，普通人会觉得自己无力对抗那些漠视当地社区和环境的全球性企业。[21]这激发了针对这些全球性企业的反消费主义运动。这也表明，人们渴望看到能够对消费者做出回应，并努力让世界变得更好的负责任的品牌出现。这样的品牌就是公民品牌，它们会在营销过程中回应公众的关注。文化式品牌有时候也会表现为民族品牌，在消费者反对全球品牌所代表的负面全球文化并寻找替代品牌时，努力去满足他们的偏好。[22]此时文化式品牌扮演着英雄的角色，来对抗全球品牌。前者会宣扬民族主义和保护主义，因为它们的目标是成为该地区的文化偶像。

　　文化式品牌往往只适用于某些社会，但这并不意味着全球品牌不能成为文化式品牌。有些知名的全球品牌一直在坚持打造自己的文化式品牌身份。比如麦当劳就把自己定位为全球化的标志。它试图让人们形成一种印象，全球化是和平与合作的象征。世界上几乎每个人都可以享用麦当劳。在《直面全球化："凌志汽车"与"橄榄树"》一书中，弗里德曼提出了预防冲突的金拱门理论，该理论声称，那些拥有麦当劳餐厅的国家之间从未发生过战争。后来，在《世界是平的》一书中，弗里德曼又把这一理论变成了预防冲突的戴尔理论，声称戴尔供应链所涉及的国家之间没有发生过战争。相反，这些国家正在协力构建一个服务全球社会的供应链。从这个意义上说，戴尔正在逐渐取代麦当劳，成为全球化的重要标志。

　　另一个例子是美体小铺，它被誉为社会平等和公正的典范。全球化战略中通常不会考虑社会公正，它推崇的是成本较低、能力出众的赢家。强大的少数派高歌猛进，而弱小的多数勉力维持。这会造成一种社会不公正的感觉，也是美体小铺想要解决的关键主题。社会平等是在全球化的世界中经常被忽视的东西，但是人们能够感觉到美体小铺在努力促进社会平等。虽然美体小铺有时被认为是反资本主义或反全球化的，但事实上，它的理念是支持全球市场的。它相信，只有通过全球性企业才能实现公正。

文化营销是构建营销 3.0 的第二块基石。营销 3.0 是一种解决全球公民关切、满足其渴望的方法。实践营销 3.0 的企业应该了解与其业务相关的社区议题。

幸运的是，美国市场营销协会 2008 年对营销的新定义已经颇有先见之明地涵盖了公众利益的概念。这个新定义是："营销是关于为消费者、客户、合作伙伴及整个社会创造、传递、交流和提供有价值的产品及服务的活动、机构集合和过程。"[23] 新定义中增加了"社会"这个词，承认了营销活动会产生大规模的影响，超出个人和企业各自交易的范围。这也表明，营销理念及实践已经准备好去应对全球化带来的文化影响了。

营销 3.0 是一种把文化问题置于企业商业模式核心的营销战略。在后面的章节中，我们将详细说明实践营销 3.0 的企业如何体现它对周围群体的关注，包括对消费者、员工、渠道合作伙伴和股东。

创造型社会时代和精神营销

推动营销 3.0 的第三股力量是创造型社会的兴起。创造型社会中的人都是在科学、艺术和专业服务等创造型领域工作的右脑思考者。丹尼尔·平克在《全新思维》(*A Whole New Mind*)中指出，创造型社会是人类文明中社会发展的最高水平。[24] 平克描述了人类进化的过程，一开始是依靠肌肉的原始狩猎者，之后是农民和蓝领工人，再逐步变成依靠左脑思考的白领管理者，最后发展为依靠右脑思考的艺术家。这一进化过程的主要驱动力仍然是技术。

研究表明，尽管创造型人才的数量远远少于工人阶层的人数，但他们在社会中的地位越来越重要。他们通常是新技术与新概念的创新者和使用者。在受新浪潮技术影响的协作型世界中，他们是将消费者联系在一起的纽带。他们是最善于表达和协作的创新者，也是社交媒体最主要的使用者。他们的生活方式和态度会影响整个社会，他们对全球化悖论和社会议题的看法会影响到其他人。他们是最先进的社会成员，热衷协作型品牌和文化式品牌。他们是实用主义者，会批判那些给人们的生活带来负面的社会、经济和环境影响的品牌。

世界各地的创造型社会都在不断发展。在《创意阶层的崛起》（ *The Rise of the Creative Class* ）一书中，[25] 理查德·佛罗里达给出证据证明，美国人正在变得像创造型科学家和艺术家那样工作和生活。他的研究指出，在过去的几十年里，美国创造型产业的投资、产出和工作人数都显著增长。在《创意经济》（ *The Flight of the Creative Class* ）一书中，他描述了自己如何将研究扩展到世界其他地区，并发现欧洲国家也有很高的创造力指数——这个指数通过一个国家在技术、人才和包容性等方面的进步程度来衡量这个国家的创造力水平。[26] 在发达国家，创造型人才是经济发展的基石。过去的数据显示，创造型人才集中的地区，经济增长会高于其他地区。

佛罗里达的发现并不意味着创造力只存在于发达国家。在《金字塔底层的财富》(*The Fortune at the Bottom of the Pyramid*)一书中，普拉哈拉德解释了创造力如何在比较贫穷的社会中萌芽。他举了几个例子，描述了在应对农村地区社会问题的过程中所展现出的创造力。哈特和克里斯坦森也提出了类似的论点，指出颠覆性创新往往发生在低收入市场。[27] 具有创造性的低成本技术往往出现在需要解决各种问题的贫穷国家。比如印度就是一个长期受贫困问题困扰的国家，它拥有大量富有创造力的技术爱好者，已经成为全世界的后台支持部门。

左哈尔认为，[28] 创造力使人类有别于地球上的其他生物。有创造力的人塑造了人类世界，并不断寻求完善自我和整个世界。而创造力会体现在人性、道德和精神等方面。

随着发达国家和发展中国家创造型人才数量的增加，人类文明正在逐渐接近发展的顶峰。先进而富有创造力的社会的一个关键特征是，人们相信超越原始生存需求的自我实现。我们人类是善于表达和乐于协作的共创者。作为复杂的人类，我们相信人类精神，愿意倾听最深层的渴望。

让我们来看看经典的马斯洛需求层次理论。亚伯拉罕·马斯洛指出，人类的需求分为若干个层次，从下至上依次为生理需求、安全需求、归属需求、尊重需求和自我实现的需求。他还发现，在较低层次的需求得到满足之前，更高层次的需求是无法被满足的。这个需求金字塔已经成为资本主义发展的根基。但是左哈尔在《心灵资本》（*Spiritual Capital*）[29] 一书中指出，马斯洛自己也是一名创造型工作者，他临终时很后悔自己说过的话，觉得需求金字塔应该上下颠倒过来。而这个颠倒过来的需求层次，会把自我实现视作人类的首要需求。

　　事实上，创造型人才是倒转的需求金字塔的坚定信徒。精神性的定义包括"重视生活的非物质方面，重视恒久现实中的暗示"，它在创造型社会中确实至关重要。[30] 科学家和艺术家经常为了追求自我实现而放弃物质上的满足。他们追求的东西不是能够用金钱买来的。他们寻找的是意义、幸福和精神上的满足，而物质上的满足往往是取得成就之后自然获得的小小回报。朱莉娅·卡梅伦在《唤醒创作力》（*The Artist's Way*）中详细阐述了创造型艺术家的生活是创造力和精神性相统一的过程。[31] 在艺术家的头脑中，二者是相似的。创造力会激发精神性，而对精神性的追求是人类最大的动力，它会释放出更深层次的个人创造力。

　　因此，创造型科学家和艺术家的崛起改变了人类看待自己的需求和欲望的方式。就像盖瑞·祖卡夫在《灵魂之心》（*The Heart of the Soul*）一书中指出的那样，精神性正日益取代生存，成为人类的首要需求。[32] 诺贝尔经济学奖得主罗伯特·威廉·福格尔断言，除了寻求物质上的满足以外，当今社会也在越来越积极地寻求精神上的满足。[33]

由于社会中这种日益明显的趋势，现在的消费者不仅在寻找能够满足他们物质需求的产品和服务，也在寻找能够触及他们精神层面的体验和商业模式。市场营销未来的价值主张将是"提供意义"。价值观驱动的商业模式是营销3.0中新的撒手锏。梅琳达·戴维斯在她的"人类欲望项目"（Human Desire Project）中的发现证实了这一论点。她发现，获得心灵上的收益确实是消费者最基本的需求，也许是营销人员可以打造的终极差异化。[34]

企业怎样将价值观纳入自己的商业模式呢？理查德·巴雷特发现，企业可以把自己的精神性提升到和消费者相似的层次，像人一样在企业的使命、愿景和价值观中融入更多的精神性动力。[35] 但是我们看到，许多企业只是把"做企业好公民"这样的价值观写在了使命、愿景和价值观里，却没有在业务中真正践行。我们还看到，许多企业采取的对社会负责的行为，只是一种公关姿态。营销3.0关注的不是企业该如何公关，而是企业该如何把价值观真正融入企业文化。

企业也应该和创造型人才一样，思考超越物质目标的自我实现。它们必须知道自己是谁，为什么而经营。它们还应该知道自己想成为什么样的企业。所有这些问题的答案都应该体现在企业的使命、愿景和价值观里。这些企业之所以能获得利润，是因为消费者欣赏它们对人类福祉的贡献。从企业的角度来看，这样的营销方式就是精神营销，是构建营销3.0的第三块基石。

营销 3.0：协作营销、文化营销和精神营销

总之，营销 3.0 时代是营销实践深受消费者行为和态度的变化所影响的时代，比以消费者为中心的时代更复杂，消费者需要更具协作性、文化性和精神性的营销方式（见图 1-1）。

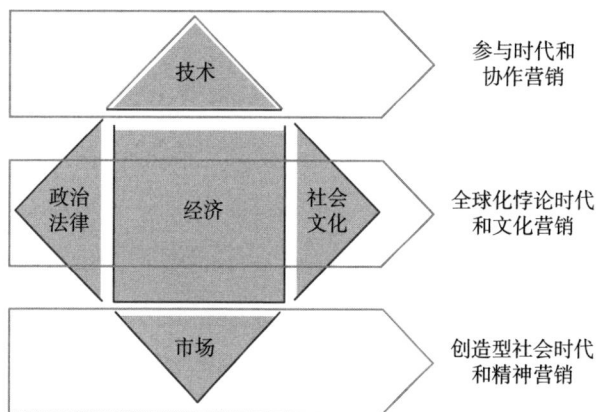

图 1-1 三大变化带来了营销革命 3.0

新浪潮技术促进了信息、思想和公众意见的广泛传播，而这些内容是消费者共同创造价值的基础。技术推动了政治、法律、经济和社会文化景观的全球化，带来了社会中的文化悖论。技术也推动了创造型市场的兴起，这种市场会更加从精神性的层面看待世界。

随着消费者变得更具协作性、文化性和精神性，营销的特点也会发生变化。表 1-2 总结了构成营销 3.0 的三大基石。在接下来的章节中，我们将更详细地阐述营销 3.0，包括如何将它

应用于各种利益相关者群体，以及如何将它转化为企业的商业模式。

表 1-2　营销 3.0 的三大基石

基石		为什么
向消费者提供什么		
内容	协作营销	参与时代（刺激）
背景	文化营销	全球化悖论时代（问题）
如何向消费者提供	精神营销	创造型社会时代（解决方案）

MARKETING

3.0

第 2 章

营销 3.0 的未来模式

市场营销的过去 60 年：简单回顾

在过去的 60 年里，营销一直是商业世界中最令人兴奋的主题之一。简而言之，市场营销是围绕三个主要分支开展的，即产品管理、客户管理和品牌管理。实际上，营销的概念一直在演变，20 世纪 50 年代和 60 年代关注的重点是产品管理，到了 20 世纪 70 年代和 80 年代，转变为以客户管理为重点。之后营销概念又进一步发展，到 20 世纪 90 年代和 21 世纪初，增加了品牌管理的内容。营销的概念随着人类生活的不同时代而不断调整，永葆活力。

尼尔·博登在20世纪50年代创造了"营销组合"这个广为流传的术语，杰罗姆·麦卡锡在20世纪60年代引入了4P[⊖]理论，为了适应不断变化的环境，营销的概念经历了重大转变。[1]制造业在战后的20世纪50年代是美国经济的中心，并在60年代持续高速发展。在这种情况下，营销概念的发展只关注产品管理这一分支是合乎逻辑的。

一开始，营销只是被当作支持生产的几个重要职能之一，就像财务和人力资源一样。营销的关键职能是触发消费者对产品的需求。麦卡锡的4P理论精确地解释了当时产品管理的普遍做法：开发产品（product）、确定价格（price）、建立分销渠道（place）和进行促销（promotion）。在那20年间，由于业务欣欣向荣，除了提供这些战术指导以外，营销职能没有更多的用武之地。

20世纪70年代，石油危机引发的滞胀使美国乃至整个西方世界的经济遭受重创，一切突然发生了变化。整个20世纪80年代，经济增长大部分转移到了亚洲的发展中国家，西方世界的经济发展前途未卜。在这种充满了不确定性的时期，触发需求的任务变得更加困难，4P理论显得格格不入。需求变得不足，企业推出的某些产品要为了赢得买家而彼此竞争。在这20年里，消费者变得更聪明了。在他们的心目中，许多产品就是普通的

　　⊖　即产品（product）、价格（price）、渠道（place）和促销（promotion）。——编者注

商品，因为它们没有清晰的定位。不断变化的环境促使营销人员更加努力地思考，创造更好的概念。

最初的 4P 理论被扩展为人员（people）、过程（process）、有形展示（physical evidence）、公众意见（public opinion）和政治权力（political power），等等。[2] 然而，营销 1.0 的经典模式本质上仍然停留在战术层面。这种经济下滑也许是塞翁失马，因为在这段需求低迷的时期，市场营销终于得到了重视。为了刺激对产品的需求，市场营销从单纯的战术层面进化到了更加靠近战略的层面。营销人员意识到，为了有效地触发需求，"客户"应该取代"产品"，成为所有营销活动的核心。客户管理这一营销学分支应运而生，涉及市场细分、确定目标市场和产品定位（segmentation，targeting，and positioning，STP）等战略。这时候，营销不再局限于战术层面。由于此时的营销更关注客户而不是产品，它变得具有战略性了。从那时起，STP 理论的发展便一直领先于 4P 理论。战略营销模式的引入标志着现代营销的诞生。这就是营销 2.0 的起源。

20 世纪 90 年代初，个人计算机逐渐普及，互联网的诞生使计算机如虎添翼。计算机的网络化伴随着人类的网络化。网络计算增加了人与人之间的互动，也使口碑信息分享变得更加普遍。它使信息无处不在，不再稀缺。消费者之间建立起了千丝万缕的联系，从而能接触到大量信息。

为了适应这些变化，世界各地的营销人员把营销的概念扩展到了对人类情感的关注。他们引入了情感营销、体验营销和品牌资产等新概念。要触发需求，仅仅采用经典的定位模型打动客户的心智已经不够了，还必须触动客户的情感。20世纪90年代和21世纪初的营销概念，大多反映了品牌管理这一营销学分支的理念。

回顾历史，我们可以看到营销理论与实践的发展经历了几个阶段，新概念的数量出现了爆炸式的增长。图2-1显示了自20世纪50年代以来每个十年中出现的主要营销概念。显然，市场营销是一个充满活力的领域，营销活动的实践者有决心通过开发新方法来了解不断变化的市场、客户、竞争对手和合作者，这使得新的认知和工具不断涌现。

营销的未来：横向关系取代纵向关系

营销的未来部分取决于当前各方面的发展状况，部分取决于各种长期影响因素。近年来，世界各地的企业都经历了自20世纪30年代大萧条以来最严重的衰退。这主要应归咎于过于宽松的信贷政策，向无法偿付债务的个人和组织发行了大量抵押贷款、信用卡、商业贷款和住房贷款等。在这个过程中，银行、贪婪的投资者、投机者和垃圾债券交易商都难辞其咎。金融泡沫破灭，房地产价格暴跌，穷人和富人都蒙受了经济损失。客户削减开支，转而去购买更便宜的品牌和产品。这对美国经济

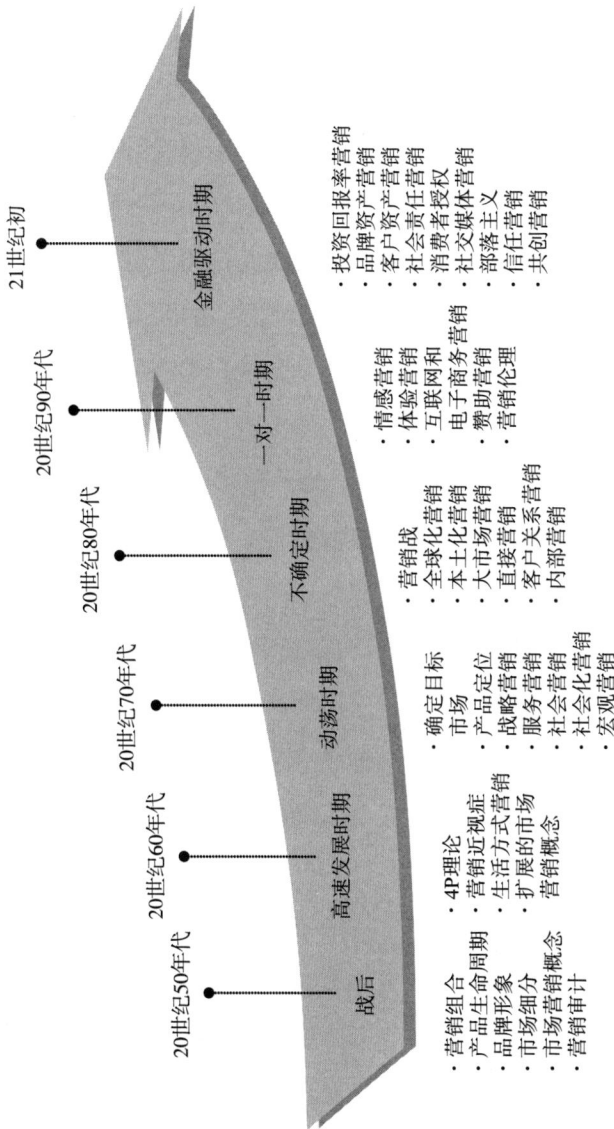

图 2-1　营销概念的演化

战后
20世纪50年代
- 营销组合
- 产品生命周期
- 品牌形象
- 市场细分
- 市场营销概念
- 营销审计

高速发展期
20世纪60年代
- 4P理论
- 营销近视症
- 生活方式营销
- 扩展的市场
- 营销概念

动荡时期
20世纪70年代
- 确定目标市场
- 产品定位
- 战略营销
- 服务营销
- 社会营销
- 宏观营销

不确定时期
20世纪80年代
- 营销战
- 全球化营销
- 本土化营销
- 大市场营销
- 直接营销
- 客户关系营销
- 内部营销

一对一时期
20世纪90年代
- 情感营销
- 体验营销
- 互联网和电子商务营销
- 赞助营销
- 营销伦理

金融驱动时期
21世纪初
- 投资回报率营销
- 品牌资产营销
- 客户资产营销
- 社会责任营销
- 消费者授权
- 社交媒体营销
- 部落主义
- 信任营销
- 共创营销

的影响是灾难性的，因为美国的国内生产总值中有 70% 来自消费支出。企业纷纷裁员，失业率从 5% 上升到了 10%。

奥巴马政府立即安排了数十亿美元资金，希望刺激经济重整旗鼓。此前美国发生了多起企业暴雷事件，导致贝尔斯登公司被收购，雷曼兄弟公司破产，美国国际集团、通用汽车等企业遭受重创。奥巴马政府的刺激措施正是为了避免此类暴雷事件继续发生。这项刺激措施非常及时，在 2009 年年中稳定了局势，但并没有使经济大幅回暖，充其量只带来了一些缓慢复苏的迹象。

问题是，在从 2010 年开始的十年里，消费者的消费行为是否会比过去更加谨慎。之前那种"先消费再还款"的生活方式显然不可能继续下去了，部分原因在于政府计划对信贷实行更加严格的监管，部分原因在于消费者的恐惧和风险规避心态。他们可能会更加节约，未雨绸缪。如果消费始终低迷，那么经济增长就会放缓，这会形成一个恶性循环。这意味着营销人员不得不比以往任何时候都更加努力，才能让消费者愿意掏腰包。

营销 1.0 战略和营销 2.0 战略仍然具有一定的适用性。营销的任务仍然是围绕产品开发细分市场、选择目标细分市场、明确定位、提供4P信息和建立品牌。但是，经济衰退、气候问题、社交媒体、消费者授权、新浪潮技术和全球化等商业环境的变化将继续推动营销实践发生巨大转变。

为了应对不断变化的商业环境，新的营销概念层出不穷。麦肯锡公司的一份研究报告列举了 2007 年到 2009 年金融危机后出现的十大商业趋势。[3]其中一个主要趋势是，企业经营所面临的市场正逐渐变成一个低信任度的环境。芝加哥大学布斯商学院和西北大学凯洛格商学院的金融信心指数表明，大多数美国人对把钱投给大公司的做法持否定态度，他们不信任这些大公司。这种纵向关系中的不信任是双向的。金融机构也不再向消费者提供贷款。

如今，横向关系中的信任度要远远超过纵向关系。消费者对彼此的信任超过了对企业的信任。社交媒体的兴起恰恰反映出消费者的信任从对企业转移到了对其他消费者。尼尔森全球调查报告表明，依赖企业广告做出购买决策的消费者正在减少。[4]消费者开始把口碑作为一种新的、可以信任的广告形式。在接受调查的消费者中，90% 左右的消费者信任熟人的推荐，70% 的消费者相信网上发布的用户评价。Trendstream/Lightspeed 咨询公司有一项有趣的研究结论，表明相比信任专家，消费者更信任社交网络中的陌生人。

所有这些研究结果都为企业提供了一个预警，即消费者普遍对企业界的做法失去了信心。有些人可能会说，这是一个商业伦理问题，超出了营销人员的影响范围。不幸的是，营销活动对此负有部分责任。人们认为营销和销售一样，都会使用一些劝说技巧，甚至采取一点操纵手段。即使在以服务消费者为目标的现代营销理念诞生之后，营销活动也常常为了实现销售而夸大产品性能和差异性。

下面这个关于埃克森美孚公司的故事发生在几十年前——这家公司位列 2009 年《财富》500 强企业的榜首。

20 世纪 80 年代初，埃克森石油公司举行了一次员工大会，宣布一系列新的"核心价值观"。其中第一条价值观简单明了——客户至上。当天晚上，各部门高管在晚餐时聊起了这些价值观。一位名叫蒙蒂的年轻傲慢的新晋主管提议大家干一杯，他说，"我告诉你们，客户不是老大"。蒙蒂指着部门总裁说，"他才是老大"。他又叫出欧洲区总裁的名字，说道"他是老二"。他又喊出北美区总裁的名字，"他是老三"。蒙蒂接着一连串报出房间里四位部门高级管理者的名字，然后总结道："客户，排在第八位。"大家听完，先是面面相觑，然后一位高管笑了起来，接着哄堂大笑。这是他们一整天说的头一句真话。[5]

这是很久以前的事情了，但今天还是很容易发生类似的故事。许多营销人员应该承认，在他们内心深处，消费者从来都不是最重要的。营销活动可能要为消费者信任度下降负责，但它也是解决这个问题的最大希望所在。不管怎么说，营销是与消费者联系最紧密的管理过程。

我们认为，不能再简单地划分营销人员和消费者了。任何产品或服务的营销人员都应该意识到，自己同时也是其他产品和服务的消费者。消费者也应该意识到，自己在日常生活中去说服其他消费者时，也是在扮演营销人员的角色。每个人都既是营销人员，又是消费者。营销不再限于营销人员对消费者，消费者也会对其他消费者展开营销。

我们看到，过去 60 年的营销体系大多是纵向的。要重新获得消费者的信任，就要利用我们所谓的"新消费者信任体系"。新的消费者信任体系是横向的。今天的消费者会聚集在自己的社区，共同创造自己的产品和体验，只有令人赞赏的产品特质才能吸引他们去关注社区之外的事情。他们始终抱着怀疑态度，因为他们知道，在社区之外，优秀的产品特质凤毛麟角。一旦他们发现了一个，就会立刻成为其忠实的信徒和传播者。

为了取得成功，企业应该明白，消费者越来越欢迎共创、社区化和个性化（见表 2-1）。下面我们来分析一下这三个概念，我们预测它们将成为未来营销实践的三大基石。

表 2-1 营销的未来

营销分支	今天的营销概念	未来的营销概念
产品管理	4P（产品、价格、渠道、促销）	共创
客户管理	STP（市场细分、确定目标市场、产品定位）	社区化
品牌管理	品牌塑造	个性化

共创

共创（cocreation）是普拉哈拉德创造的一个术语，描述了一种新的创新方法。普拉哈拉德和克里希南在《普拉哈拉德企业成功定律》（*The New Age of Innovation*）中介绍了这种创造产品和体验的新方式，它是由在创新网络中相互联系的企业、消费者、供应商和渠道合作伙伴共同完成的。[6] 产品体验从来不仅仅是产品体验。正是个体消费者体验的积累，为产品创造了最大的价值。当个体消费者体验产品的时候，他们会根据自己的独特需求和愿望将体验个性化。

共创包括三个关键的步骤。首先，企业应该创建一个"平台"，也就是一种可以被进一步定制的通用产品。其次，让网络中的个体消费者对这个平台进行改造，以匹配自己的独特身份。最后，请消费者提供反馈意见，并整合消费者网络完成的所有定制工作，从而使平台更加丰富。这种做法在用开源方法开发软件的过程中很常见，我们相信它也可以应用到其他行业。企业可以通过这样的方法来利用消费者横向网络中的共创活动。

社区化

技术不仅把国家和企业联结在一起，推动它们走向全球，还将消费者联结起来，推动他们走向社区。社区化这个概念与营销中的部落主义概念密切相关。赛斯·高汀在《部落》（*Tribes*）一书中指出，消费者希望与其他消费者建立联系，而不是与企业建立联系。[7]企业要想迎合这一新趋势，就应该为这种需求提供便利，帮助消费者在社区中建立相互联系。高汀认为，企业的成功需要社区的支持。

福尼尔和李认为，消费者组成的社区可能有三种形式，分别是池塘型、网络型或中心型。[8]在池塘型社区中，消费者拥有相同的价值观，但他们不一定会彼此互动。唯一能让他们团结在一起的是他们对品牌的信念和强烈的归属感。这个类型的社区是典型的品牌爱好者群体，许多公司都应该培养这样的消费者社区。在网络型社区中，消费者会彼此互动。这是一种典型的社交媒体型社区，连接成员的纽带是成员之间一对一的关系。而在中心型社区中，消费者彼此不同。他们被一个强大的形象所吸引，形成一个忠实粉丝大本营。这种社区分类方法与高汀的论述是一致的，高汀认为消费者要么相互联系（网络型社区），要么与领导者联系在一起（中心型社区），要么与想法联系在一起（池塘型社区）。高汀、福尼尔和李都认为，社区的存在不是为了服务企业，而是为了服务社区成员。企业应该意识到这一点，并参与到为社区成员服务的活动中去。

个性化

为了使品牌能够与人建立联系，品牌必须形成一种真实可信的基本特质，并将其作为品牌真正的差异化的核心。这种基本特质将反映出品牌在消费者社交网络中的身份。具有特质的品牌会拥有终其一生力量塑造出来的个性。对营销人员来说，实现差异化已经很难了，实现真实的差异化可谓难上加难。

派恩和吉尔摩在他们的著作《真实经济》（*Authenticity*）[9]中指出，今天的消费者看到一个品牌时，可能会立即去判断它是金玉在外还是实至名归。企业应该努力做到真实，使消费者的体验和企业的宣传相符。它们不应该只在广告里装样子，否则会立即失去信誉。在消费者构成的横向世界里，失去信誉就意味着失去整个潜在购买者网络。

关注精神：3i 模型

在营销 3.0 时代，企业必须把消费者当作完整的人来对待。根据史蒂芬·柯维的理论，一个完整的人有四个基本的组成部分：肉体、能够独立思考和分析的思想、能够感受情感的心灵，以及精神，也就是灵魂或哲学的中心。[10]

在营销领域，要触及消费者的思想这种观点最早是由艾·里斯和杰克·特劳特在他们的经典著作《定位》中提出来的。[11]他们认为，产品的理念必须在目标客户的心智中形成有意义且独特的定位。因此，沃尔沃汽车的营销人员可谓非常成功，他们把"沃尔沃提供最安全的汽车"这种观点深深地植入了汽车购买者的脑海之中。

但后来我们开始认识到，人类心灵中的情感成分一直被忽视了。仅仅打动心智是不够的，营销人员还要触动消费者的情感。有好几本书都介绍了情感营销这个概念，比如伯德·施密特的《体验式营销》（*Experiential Marketing*）、马克·高贝的《高感性品牌营销》（*Emotional Branding*）和凯文·罗伯茨的《至爱品牌》（*Lovemarks*）等。[12]

有一些营销人员创造了情感营销的伟大案例，比如星巴克的霍华德·舒尔茨、维珍集团的理查德·布兰森和苹果公司的史蒂夫·乔布斯等。星巴克的"第三空间"概念、维珍集团的"非传统营销"和苹果公司的"创造性想象"都是诉诸情感的营销策略。这些营销措施针对的是承载着我们感受的富有情感的心灵。

营销理念需要进化到第三个阶段，也就是与消费者的精神世界对话的阶段。营销人员应该尝试理解消费者的焦虑和欲望，并像史蒂芬·柯维说的那样，"解开他们灵魂的密码"，始终与他们相通。企业应该把消费者视为由思想、情感和精神世界构成的完整的人，并针对他们开展营销，关键是不能忽视他们的精神世界。

在营销 3.0 时代，应该将营销重新定义为一个由品牌、定位和差异化构成的完美三角形。[13] 为了完成这个三角形，我们引入了三个以字母 i 开头的概念：品牌身份（identity）、品牌品格（integrity）和品牌形象（image）。在消费者的横向世界中，如果一个品牌只表明了产品的定位，那么它是毫无用处的。只说明了定位的品牌可能会在消费者心目中形成一个明确的身份，但不一定是好的身份。定位只是一个声明，提醒消费者警惕假冒品牌。换句话说，如果没有差异化，这个三角形就是不完整的。差异化是品牌的特质，反映了品牌真正的品格，是一个品牌正在兑现其承诺的切实证明。差异化的本质是向客户提供企业承诺的性能和满意度。差异化再加上产品定位，将自动创造出一个良好的品牌形象。在营销 3.0 时代，只有上述三个要素备齐的完整三角形才有可能带来成功（见图 2-2）。

图 2-2　3i 模型

品牌身份涉及确定你的品牌在消费者心目中的定位。这个定位应该是独一无二的，这样你的品牌才能在纷乱的市场中被听到和注意到。它还应该与消费者的理性需求和欲望相关。品牌品格通过品牌的定位和差异化来实现它号称的自己具有的价值。这需要值得信赖、履行承诺和建立消费者对品牌的信任。品牌品格瞄准的是消费者的精神世界。最后，品牌形象涉及在消费者的情感中占据一席之地。你的品牌价值应该迎合消费者的情感需求，而不仅仅是提供产品功能和特性。你会发现，这个三角形针对的是具有思想、情感和精神世界的完整的人。

我们能够从这个模型中得到的另一个重要结论是，在营销3.0 时代，营销人员应该同时瞄准消费者的思想和精神，才能触及消费者的情感。产品的定位会引发消费者理性思考购买决策；品牌必须具有真实的差异化，从而让消费者从人类精神的角度确认这个决策；最后，情感会驱动消费者采取行动，做出购买决策。

例如，庄臣公司把自己定位为"专注于家用护理消费品的传承了五代的家族企业"。它的差异化在于可持续的商业模式。普拉哈拉德在《金字塔底层的财富》中指出，为贫困人群服务将成为一项利润丰厚、长盛不衰的业务。[14] 在他完成了这部著作之后，金字塔底层人民——每天的收入不到 1 美元的人——这个词就变得非常流行。庄臣公司是率先为肯尼亚等市场中的金字塔底层人民提供服务的企业。后来，庄臣公司成为《十字路口的资本主义》（*Capitalism at the Crossroads*）一书的作者斯图尔特·哈特的重要合作者，为服务金字塔底层人民积极努力。因此，这家公司的品牌具有被定位为"传承了五代的家族企业"的品格（见图 2-3）。

图 2-3　庄臣公司的 3i 模型

　　添柏岚也是一家坚守品牌品格的公司。它将自己定位为
"一家出色的户外鞋类和服装公司"（见图 2-4），并用真正的差
异化来支撑这个定位。员工参与的志愿服务项目"服务之路"
令它名声大噪。这项差异化战略经受住了时间的考验，已经被
证明非常成功。1994 年，公司的净利润从 2250 万美元下降到
了 1770 万美元。第二年，销售额停滞不前，公司首次出现亏损。
许多人预测，在这种情况下，"服务之路"项目将会被取消。但
添柏岚的管理者们认为，社区志愿服务是企业特质中不可或缺
的一部分，它使品牌变得与众不同、真实可信。因此这个项目
一直持续到了今天。[15]

图 2-4　添柏岚的 3i 模型

利用社交媒体来营销，3i 模型在其中有重要作用。丰富的信息和网络化社区使我们进入了消费者授权时代，营销人员需要一个协调一致的品牌—定位—差异化战略。当口碑成为一种新的广告媒介，消费者信任社区里的陌生人胜过出售商品的公司时，不真实的品牌是没有生存机会的。社交媒体上也存在着谎言和恶作剧，但消费者的集体智慧会很快让它们暴露出来。

在社交媒体上，品牌就像其中的一个成员。给品牌身份打分的依据，是这个社区对品牌的一次次体验。一次糟糕的体验足以破坏品牌品格，毁掉社区中的品牌形象。每个社交媒体用户都知道这一点。社交媒体上的达人会不遗余力地捍卫自己的个性，不会被轻易左右。营销人员应该警惕并顺应这一趋势。

不要对消费者群体施加过多的控制，试图利用他们为你做营销。只需要忠于品牌的特质就可以了。营销 3.0 时代是一个横向沟通的时代，纵向的控制是没有用的。只有做到诚实、原创和真实，才会奏效。

转向价值观驱动的营销

营销人员要能够识别出消费者的焦虑和渴望，这样才能瞄准他们的思想、情感和精神。在全球化悖论的时代，消费者普遍的焦虑和愿望是使他们的社会——以及整个世界——变成更好的，甚至是理想的生活场所。因此，一个企业想要成为楷模，就应该与消费者拥有同样的梦想，并付诸行动。

有些企业采取的行动是开展解决社会问题或环境问题的企业慈善活动。第一种途径是激发企业领导者对社会事业的热情，从而鼓励他们以个人或企业名义把钱捐献给社会事业。第二种途径是，让企业领导者意识到企业慈善行为具有营销价值，从而愿意开展这些活动。然而，这两种途径往往都会走向失败。采用第一种途径的企业通常无法把慈善变成企业特质的一部分，而采用第二种途径的企业往往难以坚守承诺。添柏岚在艰难时期仍然继续它的志愿服务项目，而很多企业很难说服自己有理由这么做。而且，企业可能会背上"作秀"的恶名——有人认为它们仅仅是为了卖东西才做好事。

使命、愿景和价值观

要使慈善成为企业特质的一部分，并一直坚守承诺，最好的方法是将其融入企业的使命、愿景和价值观。企业领导者必须将这些声明视为企业的特质。让我们看看在保罗·多兰领导下的菲泽酒庄鼓舞人心的故事。[16]多兰意识到，要使菲泽酒庄成为一家令人赞赏的公司，在可持续发展方面有最好的表现，成为社区中令人骄傲的成员，需要从企业层面做出这种承诺，以便让所有员工都认真对待。

彼得·德鲁克也曾指出，"从使命出发"可能是企业可以从成功的非营利组织那里学到的第一课。[17]德鲁克认为，成功的企业首要考虑的不是财务回报。它们会以履行使命为出发点，财务回报是水到渠成的事情。

有些人把使命定义为关于企业业务领域的一种陈述。在不断变化的商业环境中，对业务范围的定义可能也会灵活变化。因此，我们倾向于采用一种更具有持久性的说法，把使命定义为企业存在的理由；它反映了企业存在的基本目的。企业应该尽可能地从根本上陈述自己的使命，因为这将决定企业的可持续性。

查尔斯·汉迪有一个著名的理论，受此启发，我们可以用甜甜圈来象征企业的使命。[18]甜甜圈理论的大概意思是，生活就像一个反过来的甜甜圈，孔洞在外面，面团在中间。在这种视角下，核心是固定不变的，而核心外的空间是灵活变化的。企业的使命是不可改变的核心，而企业的运营和业务范围是灵活的，但必须始终与核心保持一致。

企业刚成立的时候，使命就已经深深扎根，而愿景代表着企业要创造的未来。愿景可以被定义为企业理想中的未来图景。它解释了企业渴望成为什么样子，以及希望实现什么成就。为了确定愿景，企业需要根据它的使命描绘出未来的图景。我们可以将愿景比喻为指南针，它引导着企业走向未来。

价值观可以被理解为"企业制度化的行为标准"。[19] 因为企业通常遵循相同的价值观周期，所以可以把它们比喻为车轮。价值观阐明了企业的一系列优先顺序，管理层会努力把价值观落实到企业的实践中去，希望借此强化有利于企业和企业内外社区的行为，而这些行为又会再次强化企业的价值观。

要总结这些内容，可以引入一个价值观矩阵。矩阵的一个轴代表企业要努力占据当前和未来客户的思想、情感和精神，另一个轴代表企业的使命、愿景和价值观（见图2-5）。虽然在产品层面向客户提供性能和满意度至关重要，但在最高层面，一个品牌应该能够实现客户在情感上的渴望，并以某种形式体现它的同情心。它不仅必须向当前和未来的股东承诺拥有盈利能力和回报能力，还必须承诺有可持续能力。它还必须成为一个更好的、与众不同的品牌，一个能给当前和未来的员工带来改变的品牌。

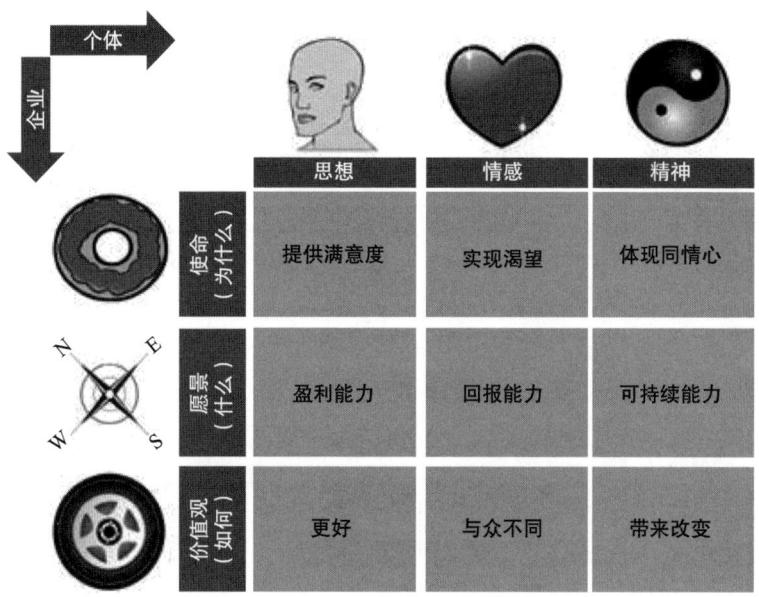

图 2-5 价值观矩阵模型

例如，庄臣公司将对社会和环境可持续性的承诺融入了公司的使命、愿景和价值观（见图 2-6）。庄臣公司以"为社区福祉做出贡献，维护环境"为使命，通过提供各种产品满足消费者的需求，通过邀请消费者参与保护环境来实现他们的渴望，通过以金字塔底层为目标市场来体现公司的同情心。

庄臣公司的愿景是，在基于可持续性原则提供创新性解决方案，满足人类需求方面，成为世界级的领导者。实现这一愿景的标志是盈利性增长和奖项。它还发布了一份公开报告，分享它在可持续发展领域的成就。

	思想	情感	精神
使命 为社区福祉做出贡献，并维护环境	家用和消费产品线	推广可重复使用的购物袋	以金字塔底层人民为目标市场
愿景 在可持续性原则指导下，提供创新性解决方案，成为世界级的领导者	对庄臣公司来说，创造可持续的经济价值意味着，在实现公司盈利性增长的同时，帮助社区实现繁荣	荣获罗恩·布朗企业领袖奖	可持续性价值观：庄臣公司公开报告
价值观 可持续性创造经济价值为环境健康而奋斗推动社会进步	我们相信我们最根本的优势在于员工	成为对职场母亲最友好的100家企业之一	为消费者提供机会，做有益于环境和社会可持续性的事情

图 2-6　庄臣公司的价值观矩阵

　　为了影响到当前和未来员工的思想、情感和精神，庄臣公司采用了三重底线概念：经济价值、环境健康和社会进步。这也是该公司价值观的基础。公司表明自己最根本的优势在于员工，从而在思想上说服了员工。公司雇用已成为母亲的员工，并被评为对职场母亲最友好的100家企业之一，从而打动员工的情感。公司为员工提供机会，去做有益于环境和社会可持续发展的事情，从而满足了员工的精神追求。

　　我们再看看添柏岚这个例子。添柏岚的使命很简单，就是让产品变得更好（见图2-7）。例如，它会通过优质的产品使消

费者满意，通过店铺设计培养情感体验。为了获得消费者的精
神认同，它把公司使命做成了宣传口号。

	思想	情感	精神
使命 做到更好	高品质的产品	户外用品店设计	宣传口号：做到更好
愿景 成为21世纪全球践行企业社会责任的典范	利润增长	股票表现	可持续的关键绩效指标
价值观 人性 谦逊 正直 卓越	"在公司总部，员工为了创造出世界上最具有创新性的产品而努力"	《财富》杂志100家最佳雇主之一	"服务之路"

图 2-7 添柏岚价值观矩阵

添柏岚的愿景是成为21世纪全球践行企业社会责任的典范。
它在实现愿景方面取得了卓越的成就，可以利用这些成就向股
东推销公司。在思想层面，公司的利润增长证明了其愿景的可
靠性；在情感层面，公司令人印象深刻的股票表现也获得了消
费者的好感；在精神层面，有可持续性的关键绩效指标也反映
了其愿景。

对员工来说，添柏岚树立了人性、谦逊、正直和卓越的价

值观，并通过各种方式向员工展示了这些价值观。其中最重要的措施是"服务之路"志愿服务项目，它为员工提供了实践公司价值观的机会。

营销 3.0 时代：营销的意义和营销意义

通过仔细研究 3i 模型，你会在营销 3.0 中发现营销的新意义。营销的最高境界是三个概念的融合：身份、品格和形象。营销就是要明确定义你的独特身份，并用真实的品格来强化这个身份，从而树立起一个高大的形象。

营销 3.0 的另一项任务是包含在企业使命、愿景和价值观中的营销的意义。通过这样定义营销，我们希望进一步提升营销的地位，让它在设计公司未来战略的过程中发挥重要作用。我们不应该再把营销仅仅视为销售或触发需求的工具，而是要把营销视为企业重获消费者信任的希望。

MARKETING
3.0

第二篇

战 略

MARKETING

3.0

第 3 章

———

向消费者营销使命

消费者是新的品牌所有者

还记得 1985 年发生的新可乐 [⊖] 的故事吗？上市后不到三个月的时间里，由于消费者的强烈反对，新可乐被撤出市场。[1] 消费者的这种反应根本不是因为新的口味。在故事发生的 20 世纪 80 年代中期，可口可乐已经是美国流行文化的一部分了。消费者觉得自己与可口可乐这个品牌以及它神秘的配方有某种连接，而新可乐破坏了这种连接，所以这种新产品才会被拒绝。在加

———

⊖　1985 年 4 月，可口可乐公司推出了以新配方生产的新可口可乐，当年 7 月，又恢复了原始配方。——编者注

拿大，情况就不同了。消费者很愿意接受新可乐，因为可口可乐在加拿大不具有象征性的地位。在美国，新可乐的推出是一次代价高昂的失败，但也是这次事件，让可口可乐公司确信消费者在捍卫这个品牌。

在 21 世纪的当代世界，这一幕重演了。这次，故事发生在宜家——一家北欧设计风格的经济型家具零售商。2009 年，为了节省成本，宜家将官方字体从时尚独特的 IKEA-Sans（基于 Futura）改为实用的 Verdana。[2] 消费者对此非常愤怒，推特（现已更名为"X"）上充斥着对这件事的吐槽。消费者再次试图捍卫与他们产生了连接的品牌，而社交媒体对不满情绪快速、广泛地传播也起到了推波助澜的作用。

当新可乐事件发生时，许多营销专家认为这是一个产品开发失败的案例。可口可乐公司的管理层错误地解读了市场研究结果，因此误判了消费者的需求和愿望。然而，当类似的事件在宜家重演时，我们会发现，出现这种负面反应不能仅仅归因于产品开发失败。一旦一个品牌的使命被成功地植入消费者的思想、情感和精神，这个品牌就归消费者所有了。这两家公司真正的错误在于，它们对自己的品牌使命的理解没有消费者那么到位。

可口可乐象征着美国式的快乐。20 世纪 30 年代，它使圣诞老人的快乐形象深入人心。[⊖]1971 年推出的歌曲《我想教这个世

⊖　在 1931 年之前，圣诞老人并没有一个固定、统一的形象，各地的圣诞老人形象各异。可口可乐公司为了增加冬季可乐的销量，聘请插画师创作圣诞广告插画，设计出了经典的白胡子、白头发、身着红色皮毛大衣的圣诞老人形象。——编者注

界歌唱》教会了美国人在动荡时期保持快乐。原始配方散发的神秘感被认为是快乐的秘诀。可口可乐在 2009 年推出了以"畅爽开怀"（Open Happiness）为广告语的广告战役，但在 20 世纪 80 年代，它的配方是一个被严格保守的秘密。可口可乐甚至在 1977 年不惜撤出印度市场，以免印度政府获得这个秘方。对可口可乐公司来说，推出新可乐只不过是研发出了一种新的口味，以便在与百事可乐的可乐大战中获胜。但对消费者来说，新的配方篡改了他们快乐图腾背后的秘密。值得可口可乐欣慰的是：消费者坚信"快乐"是它的品牌使命。

宜家也是一个偶像品牌。它象征着聪明、时尚的生活方式。在宜家出现之前，经济实惠的家具等于没有风格的功能性家具。宜家改变了这一切。对宜家来说，经济实惠意味着自助服务、自助组装，但仍颇具设计感。宜家的品牌使命是，让聪明的消费者买得起时尚的家具。把官方字体改成 Verdana，也许更加突出了品牌经济实惠的一面，但抹杀了时尚的设计感。总的来说，这并不是一个好的举措，尤其是对那些坚定拥护品牌使命的消费者来说。在宜家公司看来，在几乎所有的输入软件中都能找到 Verdana 字体，改变字体能够大大节约成本。但对消费者来说，这是对他们信仰的背叛，会粉碎他们认为自己是"真正聪明的购买者"的想法。和可口可乐的故事一样，这也是商业考虑与品牌使命不符的问题。

这两个案例传达了一个非常重要的信息：在营销 3.0 时代，

一旦你的品牌成功了，你就不再真正拥有它了。实践营销 3.0 战略的公司必须接受这样一个事实，那就是对品牌施加控制几乎是不可能的。品牌属于它们的消费者。品牌使命现在已经成为消费者的使命。公司所能做的就是使自己的行动与品牌使命保持一致。

好的使命要清晰明确

阐述品牌使命并不像看起来那么容易。很难用一句话概括为什么你的品牌应该存在。如果你想让这句话在内容上具有开创性，同时在措辞上干脆、有力，那真是难上加难。如果你在阐述品牌使命时遇到困难，那也不稀奇。杰克·韦尔奇和苏茜·韦尔奇曾连续三年举办年度研讨会，为期两天，每次每年约有 100 位首席执行官参加。令他们二位惊讶的是，其中 60% 的首席执行官承认，他们的公司没有使命陈述。而其他有使命陈述的公司，也大多是用模板生成内容，全是毫无意义的套话。[3]

在斯科特·亚当斯创作的系列漫画"呆伯特"（Dilbert）的官方网站上，曾经有一个使命陈述自动生成器，使用者可以利用它把随机几个商业术语组合在一起，生成一条使命陈述。利用这个生成器，你可以写出几千条很荒谬的使命陈述。比如说："我们的任务是不断培育世界级的基础设施，并快速创造以原则为中心的资源来满足消费者的需求。"⁴ 现在在官网上已经找不到这个生成器了，不过你也不会想要使用它。

在本书中，我们不会为读者提供新的模板或使命陈述生成器。我们的目标是向读者展示，一个好的品牌使命应该有哪些关键特征（见图 3-1）。在营销 3.0 时代，提出一个好的使命，意味着引入一种可以改变消费者生活的全新商业视角。借用美体小铺创始人、已故的安妮塔·罗迪克的名言，我们将这种全新的商业视角称为"非同寻常的业务"。我们也相信，一个好的使命背后总有一个好故事。因此，向消费者传播使命需要一个打动人心的故事。融入使命的非同寻常的想法必须触达主流市场，才能产生非凡的影响。换句话说，完成品牌的使命需要消费者的参与。因此，消费者授权至关重要。

非同寻常的业务	打动人心的故事	消费者授权
提出使命	传播使命	完成使命

图 3-1　好的使命的三个特征

非同寻常的业务

发现一个有原创性和创新性的商业创意是每个初创公司的梦想。《哈佛商业评论》发布过年度"突破性创意"名单，总结世界各地具有创新性的点子。但我们真正需要的是在别人意识到这些创意具有突破性之前找到它们。这需要一种叫作战略远见（strategic foresight）的能力。这种能力很少见，总是出现在那些富有远见和魅力的领导者身上，他们曾在过去几十年提出过伟大的商业创意（表 3-1 列举了一些富有远见的领导者，并介绍了他们是如何改变传统经营方式的）。他们的个人使命和品牌使命密不可分，而且往往是相同的。有远见的领导者不一定是创新者或开拓者。事实上，像赫布·凯莱赫、安妮塔·罗迪克甚至比尔·盖茨这样的领导者，都是从其他公司获得灵感的，但最终是他们将那些灵感发扬光大，使其对人类生活更有价值。

那些能够将一个小想法变成现实的领导者才是真正有所作为的人。戴和休梅克曾对 119 家全球公司进行了广泛的研究，他们认为，在一个相互关联的经济体中，蝴蝶效应是确实存在的。[5]世界某个角落的一个微小变化，可能会引发另一个地方出现巨大变化。捕捉到这个微小变化的企业领导者可能会获得巨大的优势。要做到这一点，领导者不应该只专注于组织内部的运作，还应该善于发现，愿意随时借鉴他山之石。戴和休梅克把这些领导者称为"警觉型领导者"，因为他们的意识高度敏锐，并且发现一点蛛丝马迹就愿意采取冒险行动。而迈克尔·麦考比则把他们叫作"自恋型领导者"，因为他们具有自恋型人格，会根据一些非理性的判断做出大胆的决定。[6]

表 3-1　非同寻常有远见的领导者的品牌使命

领导者	品牌	非同寻常的业务	独创的品牌使命
英格瓦·坎普拉德	宜家	（在 20 世纪 60 年代）发明了可折叠家具和自助服务体验店的概念，使家具零售商的成本大幅降低	让时尚家具变得经济实惠
理查德·布兰森	维珍集团	从 20 世纪 70 年代开始，在同一个品牌名称下尝试多种有风险的创新性业务；在整个公司范围内采用非传统的商业实践；2004 年，开始尝试制造"维珍银河"商用太空船	给无聊的行业注入激情
沃尔特·迪斯尼	迪士尼	创造了多个成功的动画角色，并通过许经营和主题公园体验等方式将这些角色带入主流商界	为广大家庭创造了魔法世界
赫布·凯莱赫	美国西南航空	虽然凯莱赫是从（创立于 1949 年的）西南航空公司学到的廉价航空模式和企业文化，但是他从 1971 年开始使廉价航空成为一种主流模式，并被世界各地采用	让许多人都能乘机旅行
安妮塔·罗迪克	美体小铺	虽然这个品牌名称和可回收包装的想法是罗迪克 1976 年从一家美国公司那里学来的，十年后积极关注社会活动背后的故事，要打造化妆品市场的一部分，但是她最早提出	使社会活动成为业务的一部分
比尔·盖茨	微软	虽然盖茨不是开发操作系统的早期先驱，但是他使操作系统从 1975 年开始进入主流市场，并利用网络网络的力量，使软件成为计算机领域必不可少的部分	实现无处不在的计算
史蒂夫·乔布斯	苹果	相继推出 Mac（1984 年）、iPod（2001 年）和 iPhone（2007 年）等产品，用反主流文化的方式改变了计算机、音乐和手机市场；通过皮克斯（2006 年）改变了动画片产业	改变人们享受技术的方式
杰夫·贝佐斯	亚马逊	通过 amazon.com（1994 年）重塑了图书零售行业，用 Kindle（2007 年）重塑了图书本身	为便捷地传递知识提供最多的选择

（续）

领导者	品牌	非同寻常的业务	独创的品牌使命
皮埃尔·奥米迪亚	eBay	通过 eBay（1995年）将买卖双方联系在一起，推出了用户打分制度，收购 PayPal（2002年），为交易监管提供了便利	创建用户治理的市场
拉里·佩奇和谢尔盖·布林	谷歌	从1998年开始，谷歌重新定义了搜索引擎（"谷歌"一词在词典中被定义为"在互联网上进行搜索"；提供了基于搜索引擎的广告平台，重新定义了在线广告	使世界上的信息变得有条理、易获得
吉米·威尔士和拉里·桑格	维基百科	从2001年开始，维基百科重新定义了百科全书，使沃德·库宁汉姆开发的维基式协作方法流行起来（1994年）	创建一部公众可以参与编辑的在线百科全书
马克·扎克伯格	脸书	虽然扎克伯格不是社交网站的发明者（2002年乔纳森·阿伯拉森·阿伯拉姆斯推出了最早的社交网站 Friendster，2003年克里斯·德沃夫和汤姆·安德森推出了 MySpace，推特是2004年推出的），但是他推出了脸书平台（2007年）和 Connect（2008年），从而扩展了社交网站这个概念，并将其大范围推广	提供一个可以作为业务平台的社交网络
里德·霍尔曼	领英	领英推出了在线职场网络这种模式，发明了一种组织在线职业联系信息的新方法；有人说它将很快取代很代传统的简历在求职过程中的作用	把全世界的职场人士联系在一起
杰克·多尔西	推特	成立于2006年，率先在互联网上实践了"微博"这个想法，使人们可以把自己的想法广播到自己的社交圈	提供追踪朋友动态和其他有趣事物的工具

我们还在上面的表格中列出了这些公司真实可信的品牌使命，它们都反映了彼得·德鲁克的观点：企业经营应该从一个好的使命开始。[7] 财务上的表现只是随之而来的结果。亚马逊网站上线 7 年后，在 2001 年才首次赢利。[8] 推特甚至还没有最终确定其商业模式，到现在都不知道如何将服务变现。[9] 马克·扎克伯格在 2007 年坚称，他关注的重点是建立社区，而不是像许多网络初创公司那样寻求退出，给脸书找到买家。[10] 尽管这些公司的首要关注点不是财务目标，但它们都是令人赞赏的品牌，有真实可信的使命，愿意支持它们的投资基金比比皆是。

一个好的使命总会涉及变革、转变和有所作为。营销 3.0 旨在改变消费者在生活中的行为方式。当一个品牌能带来转变时，消费者会下意识地把这个品牌当作日常生活的一部分。这就是精神营销的意义所在。派恩和吉尔摩在《体验经济》(*The Experience Economy*) 一书中指出，一旦体验经济成熟，就到了变革经济登场的时候了。[11] 我们认为，变革经济已经向我们走来，一家公司的产品可能会改变消费者的生活体验。

品牌使命不一定要非常复杂、深奥。事实上，它们应该很简单，使企业能够灵活地选择业务范围。让我们看看有远见的领导者是如何运用不同的战略来完成他们的使命的。史蒂夫·乔布斯用 Mac、iPod 和 iPhone 达成了使命，每一款产品都改变了一个行业。杰夫·贝佐斯在成功建立了亚马逊网站后推出了 Kindle。企业需要不断反思如何追逐自己的使命，而要不断反思，就不能永远只依赖企业的创始人。企业需要各个层级的领导者。有些人认为，远见属于创业者。然而，这不应该阻止企业去鼓励那些具有远见卓识的内部创业者。诺尔·迪奇曾说，在培养组织的领导者方面，通用电气一直堪称楷模。[12] 2006年，通用电气推出了为期4天的针对高层管理者的"领导力、创新和增长"项目（LIG），专门为公司的业务扩张计划培养领导者。时任通用电气首席执行官杰夫·伊梅尔特表示，这个项目非常重要，它把增长融入了通用电气的企业特质，也就是它的企业使命。[13]

打动人心的故事

著名编剧罗伯特·麦基认为，说服人们有两种不同的方法。[14] 一种方法是用一组事实和数字来支持你的想法，与人们进行智力上的讨论。而另一种他认为效果远胜于此的方法是，围绕你的这些想法讲述一个引人入胜的故事，直击人的情感。在推出新产品的时候，苹果的史蒂夫·乔布斯总是选择第二种方法。事实上，我们可以认为他是商业史上最会讲故事的大师之一。他总是从一个故事开始。故事讲完后，才会讨论产品的功能和各种事实信息。

1983年秋天，年轻的乔布斯发布了轰动一时的"1984"广告，将Macintosh计算机介绍给特定的受众。他讲述了一个引人入胜的故事，告诉大家为什么1984年将是计算机行业发生重大转型的一年。他把 Macintosh 计算机描述为苹果公司对 IBM 试图主宰计算机行业的反击。他指出，经销商和消费者要想避免受制于 IBM 公司，享受选择的自由，苹果将是他们唯一的希望。2001 年，他又创作了一个精彩绝伦的故事，推出了 iPod。iPod存在的理由是让人们能把他们一生的音乐库装进口袋。2007 年，他推出了声称要改变行业的 iPhone。iPhone 被描绘成一款革命性的、智能的、易于使用的设备，能够把音乐、手机和互联网融合在一起。凭借这些精彩纷呈的故事，史蒂夫·乔布斯用二十多年的时间完成了改变计算机、音乐和手机行业的使命。

但乔布斯讲述的故事仅仅是个开始。苹果品牌的完整故事是由众多创作者通力协作、不断续写的，创作者包括员工、渠道合作伙伴，以及最重要的参与者——消费者。在横向的世界里，围绕品牌的故事很大程度上来自集体智慧。随着越来越多的消费者参与其中，这些故事也在不断被续写。企业永远无法确定市场上最终流传的故事是什么版本。因此，一开始就讲述真实的故事总是最好的选择。

霍尔特认为，一个品牌故事至少有三个主要的组成部分：角色、情节和隐喻。[15] 当一个品牌成为解决某些社会问题和改变人们生活的某项运动的象征时，它就创造了一个伟大的角色。这就是霍尔特关于文化式品牌的理论核心。如果人们提到一个品牌，就会自然地联想起某项文化运动，那么这个品牌就成了一个文化式品牌。例如，美体小铺是热衷社会活动的象征，而迪士尼是家庭理想的象征。维基百科是协作的象征,而 eBay 是用户管理的象征。换句话说,品牌应该承诺企业业务非同寻常,并提供文化上的满足感。

为了让角色与人们的生活建立关联,好的故事需要有情节。在《让创意更有黏性》(*Made to Stick*)这本书中,奇普·希思和丹·希思提出了三类好的故事情节:挑战、联系和创意。[16] 大卫和歌利亚的故事是挑战式情节的经典案例。在这种类型的情节中,品牌扮演比较弱的主角,对一个强大的对手或巨大的障碍发起挑战。当然,品牌最终会取得胜利。美体小铺的品牌故事是挑战式情节的代表,它讲述了发展中国家的农民如何为公平贸易而战。你在"心灵鸡汤"系列图书中看到的情节都是联系式情节的代表。它在这种类型的情节中,品牌会弥合日常生活中存在的鸿沟:种族、年龄、性别,等等。脸书等社交媒体品牌就在使用联系式情节来传播它们的品牌故事。而创意式情节的代表是电视剧《百战天龙》(*MacGyver*),剧中的主角马盖先总是能运用他的才华找到解决问题的方法。维珍公司以善于使用这种类型的故事情节而闻名,创始人理查德·布兰森扮演的就是马盖先这个角色。

大多数有远见的领导者不会编造故事,他们会发现日常生活中随处可见的故事素材,并巧妙利用。大多数故事都来源于日常生活,所以人们才会感同身受。当然,你需要很敏感才能捕捉到这些故事。为了帮助人们捕捉身边的故事,杰拉尔德·萨尔特曼和林赛·萨尔特曼提出了一个揭示深层隐喻的方法。[17] 深层隐喻是在一个人幼年的时候无意识形成的。使用萨尔特曼隐喻诱引技术，我们可以抽取出人们无意识间形成的深层隐喻，了解应该如何构建我们的故事，以及消费者可能会对故事做出什么反应。萨尔特曼提出了 7 个隐喻源，70% 的隐喻都来自这些源头，被称为"洞察消费者真正需求的 7 大关键"。这 7 个隐喻源分别是平衡、转变、旅程、容器、关联、资源和控制。

在应用隐喻诱引技术的时候，会要求消费者收集一些图片，并用这些图片制作一幅拼贴画。通过与制作拼贴画的受访者做系统性的探讨，我们可以解读出每幅拼贴画中蕴含的深层隐喻。例如，有些人下意识地使用了"平衡"这个隐喻源，当他们制作关于饮食的拼贴画时，可能想表达的是"超重"的意思；而当他们制作关于求职的拼贴画时，可能想表达的是"平等就业"的意思。对那些以改善消费者饮食或促进就业多样性为使命的企业来说，这些洞见是非常有帮助的。再例如，消费者在政府推行"旧车换现金"项目期间转向更环保的普锐斯车型，是在追求"转变"，理解这一点可能有助于丰田公司创作自己的品牌故事。又比如，使用"旅程"这种隐喻的消费者可能想表达"在危机中生存难如登天"。理解这一点有助于企业在经济衰退时期构建品牌故事。

"容器"这个隐喻源可能象征着保护或陷阱。贫困乡村的村民将贫困视为令他们与外界机会相隔绝的陷阱，而白领会认为养老基金是他们未来生存的保障。这些隐喻可以帮助企业理解消费者所处的环境。"关联"这个隐喻源是关于关系的。企业可以从中了解消费者如何看待关系网中的其他人，还会发现友谊或成为某个品牌的粉丝对消费者而言有何意义。史蒂夫·乔布斯在讲述 iPhone 使人们能在一台设备上同时拥有音乐、手机和互联网的功能时，使用了"资源"这个隐喻源。iPhone 被定位为消费者可以享有的一种资源。在流行病肆虐的时候，消费者可能会表示他们无法控制疾病的传播。他们能控制的是提升自己的免疫力。这就是关于"控制"这个隐喻源的例子。

角色是故事的核心。它们象征着消费者将如何从人类精神的角度理解品牌。情节结构展示了角色如何在由各种人物组成的网络中穿行，这些人都会把故事改写成他们自己的版本。而隐喻是发生在人类精神世界的无意识过程。故事中的隐喻如果能让消费者产生共鸣，消费者就会觉得这个故事与自己息息相关、真实可信。打动人心的故事有三个核心组成部分：角色、情节和隐喻。对企业来说，创建一个好的使命相当于迈出了一大步，而通过讲故事来传播这个使命则是又迈出了一步。

消费者授权

《时代》杂志每年都会评选出全球 100 位最具影响力的人物，但从未对这些人物进行排名，至少没有官方排名。但是，《时代》

杂志允许线上读者自己对这份名单进行排名。2009 年的名单中包含了巴拉克·奥巴马和当年病故的爱德华·肯尼迪等大人物，而经线上读者投票后，排在名单第一位的却是 21 岁的神秘男子 moot。他创建了一个有影响力的基于图像的在线公告板，选票超过 1600 万张。据《时代》杂志报道，他的网站每天的浏览量为 1300 万次，每个月有 560 万名访问者。

在横向的世界里，人们喜欢把权力授予名气没那么大的人物，认为这样的人象征着他们自己：被企业巨头包围的势单力薄的消费者。因此，在企业追求品牌使命的过程中，让消费者有被授权感至关重要。企业要向消费者表明，这个使命是属于消费者的，履行使命是消费者的责任。这要求消费者不仅购买产品，还要去影响周围的人。虽然单个消费者力量有限，但消费者群体的力量永远会大过任何一家企业的力量。

归根结底，消费者群体的力量的价值来自网络。网络上的关系构建可以是一对一、一对多或多对多。企业是通过广告来传播它的品牌故事的；而在消费者网络中，故事是从一个成员一对一地传到另一个成员的。梅特卡夫定律阐明了这一点，即一个网络的价值，同其用户数量的平方成正比。然而，当存在一对多或多对多关系，即每个消费者可以同时与所有其他消费者对话时，梅特卡夫定律就低估了网络的力量。里德定律阐述了这种情况，它通常被用来解释社交媒体现象。[18] 根据里德定律，随着联网人数的增加，旨在创建群体的网络的价值呈指数级增加。只要 n ≥ 5，多对多网络的力量总是大于一对一网络的力量。这个简单的数学计算就是消费者授权的核心概念。

　　关于消费者授权，一个很有代表性的例子是谷歌的 10^{100} 项目。2008 年 9 月，为了庆祝公司成立 10 周年，谷歌向消费者征集方案，如何在八个方面，即社区、机会、能源、环境、健康、教育、住所和其他一切，帮助他人。谷歌会选出 100 名最终入围者，再请公众投票从中选出 20 个相对更好的方案。最后，公司的咨询委员会在这 20 个方案中选出 5 个最佳方案，它们将获得一共 1000 万美元的实施经费。最好的方案能以最深远的方式帮助到最多的人。谷歌在进行消费者授权的时候利用了网络的力量。这次活动的反响很热烈。[19]

　　即使是像包装消费品这样的快速消费品，在完成使命的过程中进行消费者授权也是一种趋势。[20] 高露洁是一个以"让人们微笑"为使命的品牌，曾实施过一项名为"微笑"的消费者授权计划。这项计划鼓励消费者发布他们微笑的照片，并与其他参与该计划的人建立联系。汰渍这个品牌的使命非常简单，就是清洁衣物，它曾开展过一项名为"满载希望"的计划，让人们帮助受灾人群。通过这项计划，消费者可以多种方式，包括捐款和提供志愿服务，帮助汰渍为受灾地区提供免费的移动自助洗衣店。

　　消费者授权计划是消费者对话的平台。正是多对多的对话，使得消费者网络具有如此强大的力量。如果品牌故事不被消费者讨论，那么它将变得毫无意义。在营销 3.0 时代，对话就是新型广告。在亚马逊网站上，读者撰写书评和向其他人推荐图书是很常见的操作。在 eBay 网站上，人们也经常会给买家和卖家打分或留下评论，这些评分和评论决定了买卖双方的声誉。甚至还有一个专门用于评论和推荐的 Yelp 网站，而且它会根据你所在的位置进行本地化调整。这些都是鼓励消费者对话的早期尝试。在对话过程中，消费者会对你的品牌和品牌故事进行评价和打分，好评和高分会使你的品牌故事被消费者网络所接受。

熟悉亚马逊和 eBay 的人都知道，对话也可能是充满恶意的，因为人们可能会直言不讳地分享自己的观点。消费者会发现任何品牌故事中的漏洞，这样的行为对那些把品牌使命视为公关工具或销售噱头的企业造成了威胁。但无须担忧拥有坚定的品牌品格的故事，它们会在网络中赢得信誉。企业不应该试图通过收买消费者为其撰写虚假评论的方式与消费者对话。这会让消费者觉得自己被操纵。派恩和吉尔摩认为，试图欺骗消费者的企业会被冠以"制造谎言的机器"的名号。[21]

对话不等于口碑，也不是简单的推荐。正面的口碑是愉悦的消费者做出的推荐。弗雷德里克·赖克霍德提出了一种叫作净推荐值（Net Promoter Score）的实用工具，可以根据消费者向自己所在的关系网络推荐某个品牌的意愿来衡量他们对这个品牌的忠诚度。[22] 因为做出推荐的消费者是在拿自己的声誉冒险，所以只有强大的品牌才会获得比较高的净推荐值。这个指标能够很好地衡量你的品牌在消费者网络中有多活跃。获得较高的净推荐值是件好事，因为大多数消费者都是依靠推荐来决定是否购买的，但这并不是对话的全部意义。口碑只是一对一的对谈，遵循的是梅特卡夫定律；而对话是一种多对多的关系，遵循能够更准确地衡量网络力量的里德定律。

只有那些为社区津津乐道的品牌故事才能充分利用消费者网络的力量。Wetpaint 公司和 Altimeter 集团的一项研究表明，社交网络中参与度最高的那些品牌的收入增加了 18%。[23] 对话的力量是如此强大，即使品牌陷入困境，它的品牌故事仍然能屹立不倒。萨博汽车的社区就是这样的例子。2010 年年初，萨博业务负债累累，处于被通用汽车公司终止运营的边缘。然而，关于这个品牌的故事，比如"萨博汽车如何救了我的命""向其他萨博司机闪灯致意的仪式"和"萨博式等级制度"，仍然是经久不衰的话题。[24] 一个品牌的故事可以比这个品牌本身活得更久，并在那些将该品牌视为偶像的消费者中建立起忠诚度。

小结：对变革的承诺、引人入胜的故事和消费者参与

为了向消费者营销企业或产品的使命，企业需要在使命中承诺变革，围绕使命构建引人注目的故事，并和消费者一起来

完成使命。要确定一个好的使命，首先要识别可以带来巨大影响的小想法。记住，先要有使命，经济回报是随使命而来的结果。传播使命的最佳方式是讲故事。围绕使命讲故事，需要基于隐喻构建角色和情节。为了说服消费者相信你的故事是真实的，要让他们参与关于你的品牌的对话。消费者授权是成功向消费者营销使命的关键。向消费者营销使命的三个原则是：非同寻常的业务、打动人心的故事和消费者授权。

MARKETING

3.0

第4章

向员工营销价值观

饱受质疑的价值观

近年来，商人的形象可谓一落千丈。许多消费者都对大型企业及其高层管理者失去了信任。在 2009 年进行的一项对于不同职业形象的调查中，只有 16% 的受访者表示他们认可企业高层管理者的人品。[1] 这项调查进一步显示，与营销相关的职业，比如汽车销售员和广告主管，是公众最不喜欢的。而公众最欣赏的是那些对他们的生活产生更大个人影响的职业，比如教师、医生和护士。

鉴于此前发生的一些事件，这项调查显示的负面结果并不令人惊讶。自 21 世纪初以来，一系列公司丑闻重创了商界。这些丑闻使企业价值观在消费者和员工看来一文不值。其中最引人注目的包括世通、泰科和安然等公司的丑闻。安然的丑闻是会计欺诈，直接导致该公司走向破产。安然公司将未实现收益列入利润表，导致收益虚增，这种做法被美其名曰按市值计价。

在讲述安然公司破产始末的畅销书《房间里最精明的人》（*The Smartest Guys in the Room*）中，你可以读到这家公司在 2000 年，也就是破产前一年的价值观。[2] 在该公司提出的四项价值观中，有两项分别是尊重和正直。不幸的是，安然公司的领导者根本没有践行这些价值观。很明显，会计违规行为已经存在很长时间，领导者们也意识到了这个风险。事实上，安然公司被认为是一个"运转严重失常的工作场所，财务欺诈几乎不可避免"。[3]

更近的一个案例是 2009 年 3 月爆发的美国国际集团的奖金丑闻。2008 年金融危机后，美国政府为避免美国国际集团破产提供了多次救助，而该公司居然将这些来自纳税人的钱用于向高管们支付巨额奖金。对公司形象而言，尤其令人侧目的是，根据美国国际集团的行为准则，它的六大企业价值观中也包含了尊重和正直这两项。[4] 尽管在公众的强烈抗议下高管们最终退还了奖金，但后者的行为绝对称不上尊重和正直。更恶劣的是，美国国际集团的高管们还指控公司辜负了员工的信任（他们声称，根据之前签订的薪资合同，公司必须支付这笔奖金）。时任

美国国际集团执行副总裁的杰克·德桑蒂斯向时任首席执行官
爱德华·利迪递交了辞职信，这封辞职信也被发表在了《纽约
时报》上：

> ……我们这些金融产品部门的员工被美国国际集
> 团背叛了……我无法继续在这种运转失常的环境中有
> 效地履行我的职责……您要求美国国际集团金融产品
> 部门的现有员工返还他们的收入。正如您能想象到的
> 那样，对于应该如何应对这种破坏信任的行为，我们
> 经过了深思熟虑和激烈讨论。我们大多数人没有做错
> 任何事，内疚并不能让我们放弃自己的收入。[5]

显然，一家企业将因违背企业价值观而受到来自消费者和
员工的双重打击。

有些员工并不了解他们所在企业的价值观，或者认为这些
价值观只是为公共关系而设计的。也有些真正践行了企业价值观
的员工会因为其他员工忽视这些价值观而感到失望。如果出现这
样的情况，说明企业并没有实践营销3.0。在实践营销3.0的过
程中，企业必须说服消费者和员工都认真对待自己的价值观。

员工是公司实践中最直接和亲密的消费者，对这些消费者
授权时需要向他们提供真实的价值观。企业对消费者讲故事的
方法同样也要用在员工身上。[6]使用与人类精神产生共鸣的隐喻，

对员工也同样奏效。但是给员工讲故事更难，因为这需要提供真实且始终如一的工作体验。一个动作不到位就会破坏整个故事。连消费者都能很容易地识别出不真实的品牌使命，想象一下，员工从内部发现虚假的价值观该多么轻而易举。

私人控股企业通常更容易建立强大的价值观。这样的企业通常能够以适当的速度增长，而不必承受来自投资者的压力。它们可以让价值观逐个在每一位员工心中扎根，让他们在企业价值观的框架内去吸引消费者。上市公司也可以用这样的方法实践自己的价值观，IBM、通用电气和宝洁公司都是其中的代表。我们相信，真正地践行企业价值观能够给企业带来盈利能力、回报能力和可持续发展能力，我们将在第 6 章讨论这一点。

清晰的价值观

伦乔尼认为，有四种不同类型的企业价值观。[7] 准入价值观（permission-to-play values）是员工加入一家企业后应该遵循的基本行为标准。抱负型价值观（aspirational values）是企业目前缺乏但管理层希望拥有的价值观。偶然达成的价值观（accidental values）是员工的共同性格特征汇聚而成的结果。核心价值观（core values）是指导员工行动的真正的企业文化。

企业必须区分这四种价值观。准入价值观是最基本的，其他企业也会有同样的标准。具有专业精神和正直通常被认为是必备的，因此不能算核心价值观，而只是准入价值观。此外，请记住，抱负型价值观是员工尚未拥有的价值观，因此它无法构成企业文化的基础。偶然达成的价值观也不能被当作核心价值观，因为它们可能会将具有不同性格的潜在员工拒之门外。了解这四种价值观可以帮助公司更好地设计核心价值观，避免不真实的价值观。

这里我们只讨论指导员工履行品牌使命的核心价值观，我们称之为共同价值观（shared values）。共同价值观占了企业文化的一半，另一半是员工的共同行为（common behavior）。塑造企业文化意味着将共同价值观和共同行为联系起来。换句话说，就是通过公司内部的日常行为来展示价值观（见表 4-1）[8]。员工的价值观和行为应该反映出企业的品牌使命。要让员工像价值观大使一样，向消费者营销品牌使命，这一点至关重要。

并非所有的共同价值观在营销 3.0 中都是重要的或都能够发挥效力。好的价值观必须与工作场景中的其他力量相配合，包括协作性的技术、全球化驱动的文化变革以及日益重要的创造力。本书的第 1 章介绍过这些力量。在信息技术驱动的互联世界中，人们越来越多地通过协作来实现同一个目标。全球化带来了迅速且频繁的文化变革。最后，人们越来越追求马斯洛需求金字塔中更高层次的满足，并变得更有创造力。因此，好的价值观是那些能够激发和培养员工协作性、文化性和创造性的价值观（见图 4-1）。

表4-1　共同价值观精选案例

公司名称	精选的共同价值观	精选的共同行为	在营销3.0时代的相关性		
			协作性	文化性	创造性
3M	协作性、好奇心	员工可以用一部分时间参与自己感兴趣的创新计划，以及为这些计划融资；容忍创新过程中的失败	●	◐	●
思科	人类的网络协作	办公室就是产品的实验室。允许员工远程办公。决策分属于几百个管理者	●	●	◐
租车公司 Enterprise Rent-A-Car	创业精神	所有管理者，包括董事会主席和首席执行官，都从管理培训生做起；表现好的员工有机会管理一个分支机构	◐	●	◐
IDEO（全球创新设计咨询公司）	多学科创新	总是在工作团队中安排多学科背景的员工。员工可以自主设计自己的工位	●	◐	●
梅奥诊所	全面护理	众多内科医生、科学家和专职医疗人员协作诊断和治疗每一位患者	●	●	◐
庄臣公司	家庭价值观	周五不开会；同为员工的夫妻可以被一起派驻海外	◐	●	●
Wegmans（美国食品连锁店）	对食物的热情	将员工培训成食品大使，可以购买礼品折扣卡，用于购买食物	●	●	◐
全食连锁超市	民主	根据员工投票做出各种决策，各门店都有自主权	●	◐	◐

注：圆点黑色部分越大，相关性也越大。

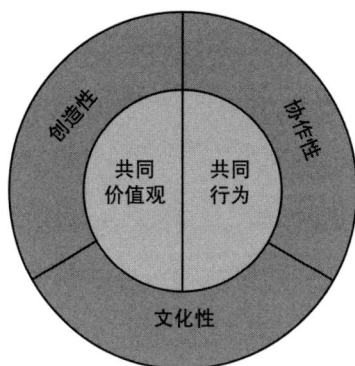

图 4-1　营销 3.0 中的共同价值观和共同行为

具有协作性价值观的企业会鼓励员工相互合作，也会鼓励他们与公司外部的网络合作，来做出一番成就。思科公司构建了真正的技术和人际网络，把自己的办公室当作产品的内部实验室；员工可以利用公司的网络基础设施远程办公；决策权分属于全球各地的 500 名管理者。这些措施使思科公司能够更迅速地做出关键决策，增强遍布全球的管理者之间的协作能力。思科公司的价值观主要是协作，也在全球员工之间建立了互联机制，从而带来文化变革。

梅奥诊所也在组织内部培养了协作性价值观。许多医生和健康专家同心协力为每位患者提供服务，以便实现更加快速、准确的诊断，为患者提供全面的治疗。正是这种协作的文化，吸引了众多优秀医生前往梅奥诊所工作。梅奥诊所通过采用这种护理模式，改变了医生治疗患者的方式。因此，它也带来了文化上的影响。[9]

拥有文化性的价值观意味着激励员工从文化层面改变自己和他人的生活。Wegmans 连锁超市改变了人们看待食物的方式。它鼓励员工比以往任何时候都更深刻地欣赏食物，也帮助消费者欣赏食物。庄臣公司改变了员工看待家庭的方式，让他们为自己的家庭做出更多贡献。该公司开发的都是对家庭有益的产品。全食连锁超市改变了员工体验民主的方式，让他们感觉获得了更多授权，因为许多影响员工的决策都是通过员工投票做出的。Enterprise Rent-A-Car 把大学毕业生变成了企业家，让他们有机会在准备好的时候经营自己的分支机构。这家公司还改变了人们租车的理由。曾几何时，人们主要是旅行的时候在机场租一辆车。如今，人们可能会出于许多不同的原因顺手租一辆车，因为他们的社区附近有很多租车网点。

最后，建立创造性的价值观就是让员工有机会发展和分享他们的创新想法。3M 公司和 IDEO 等企业都把创新作为竞争优势的主要来源。在这样的公司里，具有创造力的员工必不可少。为了培养创造力，3M 公司允许员工将部分工作时间花在自己感兴趣的研究计划上。员工可以为这些计划向公司寻求资助，请求同事的支持。如果成功了，他们的计划就可能成为公司的下一个创新产品。这项政策不仅鼓励了员工充分发挥创造力，也加深了员工之间的协作。如果产品能够影响人们的生活，那也有可能带来文化上的变革。

价值观对你大有裨益

　　拥有伟大的核心价值观可能有几点好处。拥有价值观的企业在人才竞争中会占据一定优势。它可以吸引更好的员工并留住他们更长时间。如果员工有一套良好的价值观来指导自己的行为，那他们的工作效率会更高。而且，他们还能更好地代表企业为消费者服务。拥有价值观能使企业更有效地处理组织内部的差异，这对大企业来说尤其重要。

吸引和留住人才

　　麦肯锡公司 1997 年的一项颇具影响力的调查显示，58% 的管理者认为"品牌的价值观和文化"是激励员工的重要动力。[10] 相比之下，选择"职业发展和成长"的管理者只占了 39%，而选择"出众的薪酬"的只有 29%。这证明，好的价值观会吸引好的员工。潜在的员工会下意识地将自己的个人价值观与企业价值观进行比较，并选择入职价值观相契合的企业。

　　对应届毕业生来说尤其如此，他们中的许多人都是理想主义者。例如，一项调查发现，50% 的 MBA（工商管理硕士）毕业生表示，他们宁愿降低薪酬，也希望在一家有社会责任感的企业工作。[11] 在不断增长的新兴市场国家更是如此。雷迪、希尔和康格的一项研究着重考察了新兴市场国家如何吸引和留住人才。[12] 他们发现，在巴西、俄罗斯、印度和中国（金砖国家），企业的宗旨和文化是员工最重视的因素。新兴市场国家的员工寻找的，是能够提供改变世界的机会并给本国带来文化变革的雇主。他们还喜欢能够在企业内部履行品牌承诺的雇主，也就是拥有良好文化的企业。

　　一旦进入企业，员工就会检测雇主是否诚实正直，观察企业如何展示他们所宣传的价值观。汤姆·特雷兹进行的一项员工调查表明，员工认为在工作中最有意义的体验之一就是考察企业宗旨。那些宁肯蒙受商业损失也要捍卫价值观的企业会赢得员工的尊重。Bagel Works 面包店的核心价值观之一是健康和安全。为了体现对这些价值观的坚守，该公司只购买小包装的面粉，以避免搬运面粉的员工背部受伤——尽管小包装的面粉价格更高。[13] 企业必须诚实正直，言行一致。员工看到了雇主的诚信，才最有可能全身心地奉献。企业坚守价值观，会提高其员工的忠诚度。

　　企业所有权的变更可能会改变它的价值观，从而可能减弱员工的承诺。拥有强大价值观的 Ben&Jerry's 公司就是这样一个例子。2000 年被联合利华收购后，其价值观仍然非常突出。但是该公司 2007 年的社会和环境评估报告表明，员工的承诺减弱了，这可能是因为他们一直担心公司的价值观会在联合利华的领导下发生变化。[14] 当美体小铺被欧莱雅收购时，员工也有这种担忧。员工们意识到公司有更强劲的增长潜力，但他们也关心公司的价值观能否继续保持。像 Ben&Jerry's 和美体小铺这样的公司，有强大的践行价值观的传统，更容易发生这种情况。[15]

后台工作效率和前台质量

员工的幸福感对他们的工作效率有重大影响。《星期日泰晤士报》评选出的"100 家最佳雇主"，其绩效表现比富时综合指数高出了 10% 到 15%。[16] 员工把公司所要努力实现的目标作为自己的信仰，工作效率会更高，更乐于奉献自己的思想、情感和精神。星巴克创始人霍华德·舒尔茨把这种员工承诺的状态叫作"将心注入"。

波特和克莱默认为，以社会目标为宗旨的公司可以影响其竞争环境，从而获得优势。[17] 例如，万豪集团会为受教育程度较低的员工提供受教育的机会。通过把接受教育作为价值观的一部分，万豪能够雇用到更好、工作效率更高的员工。

受价值观驱动的员工不仅工作更努力，还会成为企业更好的形象代表。他们会为消费者提供与企业故事相一致的价值。他们的信念会影响自己在日常工作中的共同行为，尤其是在与消费者互动的时候。员工的行为会成为消费者所讨论的品牌故事的一部分。企业应该把员工视为价值观大使，消费者会通过评价员工来评估企业的真实性。

Wegmans 连锁超市宣称它比其他公司更了解食品，而消费者的店内体验将决定这一说法是否可信。Wegmans 的员工被培训成了食品大使。它帮助员工真正了解各种食品的特点，员工知道他们卖的所有食品的细节。通过这样的培训，员工在店内

与消费者互动时能向他们介绍食品的方方面面，体现出品牌故
事的可信性。

最好的推销员是那些使用自己公司的产品并对它有透彻理解
的人。在思科公司，员工每天都能体会到与公司及公司网络中的
每个人保持顺畅联结的意义。对他们来说，日常工作就像产品培
训。因此，他们在向潜在客户讲述人与人相互联结的好处和故事
时，才有说服力和可信度。员工就活在品牌故事之中，这样他们
才能够讲述品牌故事。尼古拉斯·因德称之为"活出品牌"。[18]

整合和支持差异性

罗莎贝斯·莫斯·坎特曾对大型企业进行过一项研究，发
现强大的共同价值观有助于企业实现看似相互矛盾的目标。[19]大
型企业往往拥有多个办公地点和背景多元的员工。共同价值观
可以减少差异性，把所有员工整合到同一种企业文化之中。每
个员工都从内心接受了企业强大的价值观，这使企业有信心对
员工授权，包括那些远离企业总部的员工。这些员工会保证所
有行动都是从企业的利益出发。具有强大的共同价值观的企业
通常能够成功地将决策过程去中心化和本地化。这些共同价值
观不仅有助于企业实现标准化，也有助于本地化。

Enterprise Rent-A-Car 就是一个典型的例子。与主要在机场
运营的安飞士公司和赫兹公司不同，本地化社区市场常常能看
到 Enterprise Rent-A-Car 的身影。它所培养的文化确保了它的成

功。该公司的所有员工都体现了它强大的价值观——勤奋、友好的创业者。Enterprise Rent-A-Car 用一个长期持久的固定流程来营造这种文化：招聘新毕业的大学生，让他们努力地洗车和接送汽车，教他们如何与客户建立长期联系，让他们有升职机会，并在他们准备好的时候让他们管理整个分支机构。[20] 员工经历了这一流程后，会成长为勤奋的创业者。员工在洗车、接送汽车以及建立联系的过程中培养起来的谦逊品质，会让他们变得更加友善。这些员工拥有共同的价值观，但他们每个人又都拥有独特的本地化知识。这些价值观使 Enterprise Rent-A-Car 不仅能够制定因地制宜的本地化战略，而且能够使不同市场的战略彼此协调。这些价值观非常难以模仿，从而使 Enterprise Rent-A-Car 能够始终在各个本地化市场中保持领先地位。

　　价值观能够把多样性元素整合到一起，同时又强化每一个多样性元素。看看《财富》100 家最佳雇主的年度名单，我们会发现这些企业都会通过雇用女性和少数族裔来培养企业的多样性。公司的共同价值观会把有不同背景的员工团结在同一种文化之下，也是因为共同价值观，才能在保持这种多样性的同时不产生冲突。

言行一致

　　大多数企业灌输价值观的方式都是正式的培训加上非正式的指导。进行价值观培训是必要的，但是也可能有缺点。培训可以变成说教，却落不到实际行动上。培训师和教练可能并没有在日常工作中做出榜样。员工可能会发现这一点，觉得企业很大程度上是在对价值观夸夸其谈。而且，员工在培训中往往只是被动地听讲，没有机会做出贡献。他们没有通过实践真正体会到企业的价值观，所以对价值观的理解也很有限。

营销 3.0 不仅仅是培训和指导，还会把价值观与行为结合在一起。吉姆·柯林斯认为，实现这种结合涉及两个部分。[21]首先，企业应该审查那些可能削弱企业价值观的现行政策。这并非易事，因为大多数企业政策都比企业价值观更制度化。要改变企业政策，需要领导层采取行动以及所有员工大力配合。大多数时候，员工也能感觉到企业的实践偏离了价值观，但除非你向他们授权，否则他们什么都不会说。其次，企业应该建立一种将行动与价值观直接联系起来的机制。例如，可以创建一种机制，要求 30% 的收入来自新产品，从而强化创新的价值观。营销 3.0 要做的就是首先改变员工，然后授权他们去改变其他人。

改变员工的生活

庄臣公司作为一家传承了五代的家族企业，当然会秉持重视家庭的价值观。该公司不仅大力把这种价值观传播给消费者，也推广给公司的员工。在一家拥有重视家庭的价值观的公司工作，可以做到家庭与工作相平衡。这就是员工能够从庄臣公司那里得到的回报。如果夫妻二人都在庄臣工作，一方被派驻海外，另一方也会被派去同一个地方。[22] 在庄臣，周五没有业务会议，这样员工就可以早点回家和家人共度周末。[23] 在庄臣工作，可以让员工更重视家庭，这家公司的价值观直接影响了员工的生活。埃里克森和格拉顿把这种现象叫作"组织中的标志性体验"。要给员工提供一种标志性的体验，需要了解能够激励员工的因素。埃里克森、迪特瓦和莫里森的研究指出，可以根据激励因素把员工分成 6 种类型：

第 1 类：责任小、工作轻松。这类员工做事敷衍，得过且过。

第 2 类：见机行事。这类员工随波逐流，因为他们还没有把工作放在优先地位。

第 3 类：追求风险和回报。这类员工会把工作视为自我挑战和自我激励的机会。

第 4 类：珍视个人体验和团队成功。这类员工希望其所在的工作岗位能够提供团队合作和协作的机会。

第 5 类：追求稳步前进。这类员工想找到一条有前途的职业路径。

第 6 类：渴望成就大业。这类员工会寻找机会，给公司带来持久的影响。[24]

这种划分方法与麦肯锡公司开发的员工细分框架有些类似。[25] 麦肯锡把员工分成了 4 种类型：

第 1 类，追求与成功人士同行的员工渴望成长和成就。

第 2 类，追求高风险高回报的员工想要不错的薪酬。

第 3 类，追求生活方式的员工寻求灵活的工作方式。

第 4 类，渴望拯救世界的员工想要找到机会，为伟大的使命做出贡献。

了解有哪些员工类型，可以为企业带来灵感，根据企业想要吸引哪类员工来设计标志性体验。通过划分员工类型，还可以帮助企业把那些可能偏离公司价值观、破坏员工体验的不合适的员工淘汰出去。在营销 3.0 中，标志性体验应该是协作性的、文化性的或创造性的。

企业应该选择最契合其核心价值观的特定的员工类型。一家拥有创新价值观的冒险型企业可能更适合追求高风险高回报的员工。拥有文化价值观的企业，能够为员工提供向不富裕人群推广公司产品的机会，适合渴望拯救世界的员工。对于那些拥有协作价值观，并能够为员工提供与世界各地的人协作机会的企业，最应该选择的是珍视个人体验和团队成功、渴望成长和成就的员工。

授权员工进行变革

《荀子·儒效》有云："不闻不若闻之，闻之不若见之，见之不若知之，知之不若行之。"用这句话形容员工授权也非常贴切。需要对员工进行授权，让他们有机会对价值观身体力行。他们的生活已经被企业的价值观改变了，现在轮到他们改变其他人的生活了。这就需要为员工创造一个可以让他们有所作为的平台。

　　员工授权可以有很多种形式。最常见的员工授权形式是志愿服务。希尔斯和马哈穆德在《通过志愿服务形成影响力》（"Volunteering for Impact"）这篇文章中指出，当志愿服务能够利用公司的资源带来战略性影响时，志愿服务会产生可观的效果。[26] 在《超级企业》（*SuperCorp*）一书里，坎特讲述了一个关于 IBM 的例子。[27]2004 年 12 月，东南亚发生海啸，IBM 公司的员工当时推出了一项旨在帮助受灾者的创新活动。虽然 IBM 刚开始启动这项活动时没有获得商业利益，但这项创新活动后来给它带来了商业上的回报。坎特认为，超级企业是一种先锋性的企业，获得利润的方式中蕴含着更宏大的社会目标。当它们为了实现社会目标而努力时，会产生战略性的影响。开展具有巨大影响力的志愿服务是成为超级企业的途径之一。

　　另一种员工授权的形式是创新。IDEO 以开发世界上最好的产品设计而闻名。创始人戴维·凯利说，为了做到这一点，IDEO 以满足马斯洛需求层次中更高层次的需求为目标，引入了以人为本的设计，赋予了产品性能和个性。IDEO 会给每个项目安排一个多学科团队，成员包括营销人员、心理学家、内科医生、人类学家、经济学家和其他专业人士，来开发能够解决客户问题的创新产品。IDEO 还把这种工作方式向前推进了一步，允许企业外部的人应用它。例如，该公司创建了一个开源工具包，与盖茨基金会和许多其他非营利组织合作，为发展中国家的社会问题寻找解决方案。

授权还可能意味着分享权力。在营销 3.0 中，领导者的作用是激励。他们不一定是唯一的决策者。思科和全食连锁超市等公司都重视协作和民主，员工有机会通过决策和投票来影响公司的未来。在这些案例中，企业正在逐渐变成一个社区。在这样的社区中，决策是为了促进所有成员的共同利益而由大家一起做出的。

小结：共同价值观和共同行为

在营销 3.0 中，企业文化要做到诚实可信。这需要把员工的共同价值观和共同行为结合起来。在面对员工的时候，企业文化应该是协作性的、文化性的和创造性的。它应该改变员工的生活，并授权员工去改变其他人的生活。通过树立诚信，公司可以在人才市场中获得竞争优势，提升工作效率，改进与消费者互动的界面，有效管理差异性。向员工营销公司的价值观与向消费者营销公司使命同样重要。

第 5 章

向渠道合作伙伴营销价值观

增长点的迁移使合作势在必行

戴尔公司通过引入直销模式彻底改变了计算机行业。消费者可以直接向戴尔订购定制化的电脑并配送到家。戴尔会跳过经销商与消费者保持直接联系，从而留下所有利润。戴尔奉行著名的"砍掉中间商"原则，所以被中间商，也就是经销商，视为敌人。戴尔的竞争对手起初不相信这种商业模式，后来试图模仿，不幸没有成功。在没有实质性竞争的情况下，戴尔在业内独领风骚，到 1999 年已经成为互联网上最大的电脑销售商，比亚马逊、eBay 和雅虎加在一起还要多。[1]

2005 年以后，一切都变了。戴尔公司惊讶地发现，世界发生了变化。公司增长开始停滞，股价暴跌。出现这种情况的一个原因是，美国的电脑市场开始走向成熟。专家们都认为戴尔公司应该与中间商合作来应对这个问题。苏尼尔·乔普拉就是一位持这种观点的专家，他认为在成熟市场，消费者逐渐将电脑视为一种普通商品，不太关心定制了。[2] 乔普拉建议戴尔公司要么尝试直销和间接分销混合的销售模式，要么通过经销商开展定制模式。无论选哪种模式，戴尔都应该与中间商合作。

戴尔公司受挫的另一个原因是，它是通过与消费者建立直接关系来获取价值的。然而，当市场成熟时，它的客户会发现其他更有吸引力的电脑。戴尔本可以把重点放在中国和印度等美国之外的增长型市场，但当时在这些市场中，大多数消费者不会在网上购买电脑。[3] 他们更喜欢在线下和活生生的人打交道，而不喜欢依赖科技的互联网界面。直销模式无法满足增长型市场中消费者的需求。要解决这个问题，同样要求戴尔采取一种与之前完全相反的商业模式：间接分销。

尽管戴尔公司没有承认，但在 2002 年，它确实开始与为企业用户服务的解决方案提供商合作，通过它们对企业客户开展产品直销。[4] 2005 年是一个转折点。戴尔开始低调地与最初不信任它的经销商建立关系。这一举措颇有成效。到 2007 年中期，尽管没有宣布建立正式的合作伙伴关系，但是戴尔通过分销渠道实现的销售额已上升到占总收入的15%。[5] 2007 年 12 月，戴尔

终于推出了"商用产品合作伙伴计划",并透露它已经与 11 500
个合作伙伴建立了合作关系,每周还会增加 250 到 300 个新的
合作伙伴。[6]

很明显,在之后的几年里,戴尔将其与消费者建立直接关
系的关键能力,转化为了与渠道合作伙伴建立直接关系的能力。
戴尔公司逐一接触经销商,听取它们的反馈,并邀请它们在合
作伙伴顾问委员会会议上对话。公司创始人迈克尔·戴尔亲自
出席了会议,说服持怀疑态度的渠道合作伙伴。戴尔公司曾经
是渠道的克星,但现在正以对待消费者的重视程度来拥抱新的
合作伙伴。

戴尔公司的故事说明,商业世界中存在两种完全相反的力
量。技术使戴尔能够抓住直销的价值,但技术也使全球化的力
量发挥了作用。最大的价值不再来自发达国家的市场,而是来
自技术应用尚未触达主流潜在用户的发展中国家的市场。在发
展中国家的市场,需要采用不同的商业方法,传统的分销方法
可能难以奏效。在这些市场中,存在很多社会、经济和环境问
题,企业在试图建立新的分销网络之前必须首先解决这些问题。
在进入未知领域的时候,企业必须与新的伙伴合作。

发达国家的市场也变得面目全非,市场走向成熟只是正在
发生的巨大变化的一个微小信号。随着社会变得越来越复杂,
消费者将更加重视更高层次的人类需求,基本需求将变得不那
么重要。消费者会更多地考虑社会、经济和环境受到的影响。

詹姆斯·斯佩思认为，这是因为当今时代属于"后增长社会"。[7]
定制对消费者来说可能不再那么重要了。戴尔和其他企业必须
理解这种后增长社会中的变化，因为这些变化对于企业营销渠
道的获得有重大影响。

营销 3.0 中的渠道合作伙伴

我们认为渠道合作伙伴是一种复杂的实体，是兼具企业、
消费者和员工特点的混合体。它们既是拥有自己的使命、愿景、
价值观和商业模式的企业，也是有需求和欲望要被满足的消费
者。此外，它们还会向最终用户销售产品；从消费者的角度来
看，就像企业的员工一样。它们在营销 3.0 中的作用至关重要，
因为它们既是企业的合作者、文化变革的推动者，也是富有创
意的合作伙伴。

渠道合作伙伴是企业的合作者：志同道合

那些在管理渠道合作伙伴时遇到困难的公司，可能没有
选对合作伙伴。在营销 3.0 中，选择渠道合作伙伴应该是一个
反映自身"宗旨—身份—价值观"的镜像过程，即公司应该选
择与自己具有相同的宗旨—身份—价值观的潜在合作伙伴（见
图 5-1）。

宗旨是指潜在渠道合作伙伴整体的关键目标，相对来说比
较容易观察和研究。身份更多地与潜在合作伙伴的个性有关，

需要更深入的调查和理解。而价值观更难观察，因为它们涉及
渠道合作伙伴组织内部的共同信念。

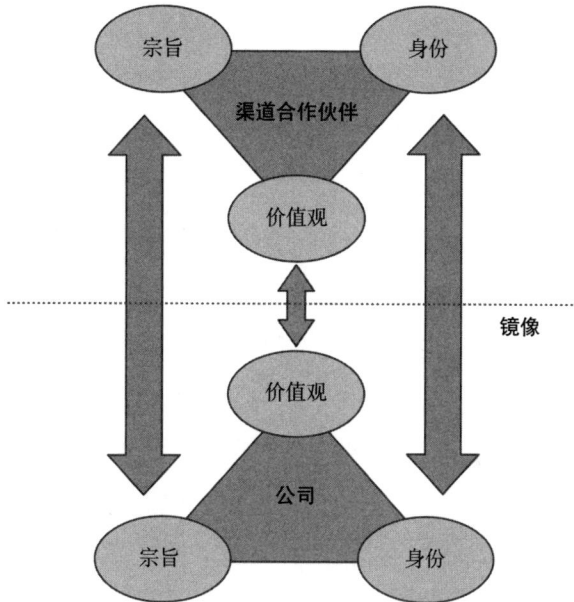

图 5-1　选择志同道合的渠道合作伙伴

　　在美体小铺发展的早期，它的增长主要是因为特许经营店
的扩张。这家公司的特点根植于已故的创始人阿妮塔·罗迪克
的天真个性。阿妮塔诚实和单纯的个性反映在公司业务的各个
方面，比如直白的产品命名、使用天然成分以及与供应商公平
交易等。阿妮塔在自己的店铺里销售产品，不会有什么问题，
因为她可以独立应用自己这种非主流的销售方法。但当公司必
须增长的时候，她不得不采用多渠道的销售方法，寻找特许经

营者作为渠道合作伙伴。

她选择渠道合作伙伴的过程充满了"人"的因素。她会亲自进行最后的面谈，每次面谈时都会努力了解潜在合作伙伴的个性。她要找的是想要有所作为而不是只对盈利感兴趣的人。她发现，女性比男性更有可能与她拥有相同的社会和环境价值观。这就是为什么早期美体小铺 90% 的拥趸都是女性。特许经营策略取得了不容置疑的成功。美体小铺在成立的第一个十年里，年均增长率在 50% 左右。[8]

我们来看一下 Ben&Jerry's 被联合利华收购之前在俄罗斯寻找合作伙伴的过程。和美体小铺一样，Ben&Jerry's 也是一家有社会责任感的公司。它起步时也是销售简单的家庭自制产品：冰激凌。Ben&Jerry's 的早期管理者拥有让世界变得更美好的长期愿景，所以对激进的增长没有兴趣。他们更喜欢从公司内部找到真正理解公司价值观的人，让这些人领导公司进行适度的业务扩张。

虽然冰激凌在俄罗斯很受欢迎，但 Ben&Jerry's 进入俄罗斯并不是出于商业上的考虑。Ben&Jerry's 的目标不是盈利，而是希望在美俄两国经历了多年冷战后，强化两国之间的关系。20世纪 90 年代，当 Ben&Jerry's 决定将业务发展到俄罗斯时，专程从美国派遣了一位值得信赖的人：戴夫·莫尔斯。但莫尔斯不能孤军作战，他需要渠道合作伙伴。

莫尔斯发现在俄罗斯很难找到合适的合作伙伴来实现

品牌的增长。潜在合作伙伴很多，但没有一个能真正理解
Ben&Jerry's 极具社会责任感的价值观。这些潜在合作伙伴都野
心勃勃、以利润为导向、追求激进增长。它们坚信 Ben&Jerry's
的品牌对它们来说是一笔宝贵的资产，但对这个品牌的立足之
本一无所知。最终，Ben&Jerry's 决定与 Intercentre 公司合作，
把品牌打入俄罗斯。

　　一开始，合作伙伴显然不够完美。Ben&Jerry's 和合作伙伴
的商业价值观并不一致。合作伙伴想迅速取得成功，直接在莫
斯科开展业务。但 Ben&Jerry's 的管理层希望在小镇彼得罗扎
沃茨克低调起步，就像公司在美国从佛蒙特州的小镇起步一样。
合作伙伴采购的环保原料的质量也没有达到 Ben&Jerry's 管理层
期待的高标准。[9]

　　拉科姆、弗里德曼和拉夫强调了共同价值观的重要性。[10]他
们指出了判断合作伙伴关系能否成功的三个关键评估层次。首
先，合作关系中的双方都应该问自己，是否希望实现双赢。良
好的合作伙伴关系会创造一种横向关系，而不是纵向关系，双
方都应该从合作中获得对等的利益。其次，它们应该调查一下，
是否双方都坚持较高的质量标准。对质量要求相同的两家公司
才更有可能建立合作伙伴关系。最后，识别出潜在合作伙伴独
特的价值观，并判断对方的价值观与自己的独特价值观是否
兼容。

　　崔海涛（音）、雷朱（Raju）和张忠（音）的研究也证实了

共同价值观的重要性。[11] 当一家公司与渠道合作伙伴在合作关系中都认同公平的价值时，会更容易协调整个渠道结构中的价格稳定性，从而提高整个渠道的经济效益。当一家公司设定了公平的交易价格，相应地，渠道合作伙伴在市场上也会给最终用户设定一个公平的价格。要实现这种公平的合作机制，需要在公司与渠道合作伙伴之间提高成本信息的透明度。

公司向渠道合作伙伴营销价值观的第一步，是了解合作伙伴自身的价值观。在营销3.0中，两个商业实体之间的合作就像婚姻。双方必须具有共同的宗旨、价值观和身份——这不仅仅需要理解彼此的商业模式、开展能够实现双赢的谈判和起草健全的法律协议。正是出于这个原因，像阿妮塔·罗迪克那样关注"人"的因素是最好的方法。

渠道合作伙伴是文化变革的推动者：传播故事

增长的紧迫性要求公司寻找渠道合作伙伴来管理它们的消费者界面。因此，公司高度依赖分销商来营销它的价值观，在它不通过促销媒体与消费者直接沟通的时候尤其如此。我们可以看看玛丽亚·伊家具公司这个案例。2007年，美国销售的家具几乎有一半是通过家具零售商销售的。[12] 玛丽亚·伊家具公司和其他家具制造商一样，都是通过三家重要的零售商将产品推向中高端市场。这三家零售商分别是 Crate & Barrel、Room & Board 和 Magnolia 家庭剧院。玛丽亚·伊家具公司主要生产对生态友好的产品。绿色环保的价值观明确地体现在公司的商业模式之中,特别是体现在使用环保材料、与对生态友好的供应商建立合作关系等方面。

遗憾的是,玛丽亚·伊家具公司没有与消费者建立直接的联系,因此要依靠渠道合作伙伴来发送"绿色"信息。为了践行绿色环保的价值观,领导家具行业的生态友好运动,创始人玛丽亚·伊本人会与零售商保持私人联系。零售商的作用不仅是向消费者传达玛丽亚·伊家具公司的品牌定位,还要宣传使用生态友好家具的好处。消费者通常会认为绿色产品更昂贵。玛丽亚·伊家具公司要依靠渠道合作伙伴说服消费者并非如此,所以渠道合作伙伴自己必须首先确信,玛丽亚·伊家具公司的产品在价格上很有竞争力。

大型包装消费品公司虽然完全依赖渠道合作伙伴进行分销,但是通常也会创造直接的消费者接触点。Stonyfield Farm 是一家生产有机酸奶产品的公司,所有产品都通过分销商销售给天然食品商店和超市。然而,这家以健康为导向的公司也在努力与消费者建立直接联系,以传播公司的社会和环境使命。它建立了一个 myStonyfield 社区来积攒良好的口碑,还会通过 YouTube 向消费者发送信息。

通过渠道合作伙伴传播品牌故事,要坚持通过人与人之间的交流来完成。当这种方法不起作用时,企业就要利用一些信号来说服渠道合作伙伴。企业可以将故事直接传播给消费者,从而引起消费者的兴趣。当大量消费者给出了回应，并开始在经销店等渠道寻找这家企业品牌，就等于向渠道合作伙伴发出了强烈的信号，告诉它们价值观对这个品牌有很大的影响，销售这个品牌能给它们带来好处。

在某些情况下，消费者本身就是渠道合作伙伴，发展中国家市场的低收入消费者尤其如此。在发展中国家，向贫困人群推广的最大问题是无法触达，营销组合中受这一问题影响最大的两个要素是渠道（分销）和促销（沟通）。许多产品和信息是贫困人群很难接触到的，尤其是在农村地区。建立适当的渠道让这些消费者接触到产品，能提高产品的市场渗透率，同时也能改善这些消费者的生活。瓦恰尼和史密斯称之为具有社会责任感的分销。[13]

在印度，具有社会责任感的分销是最佳分销模式。这个国家一直在为消除贫困而苦苦努力。从统计数据来看，未来一片光明。从 1981 年到 2005 年，贫困人口比例从 60% 下降到了 42%。[14]成功消除贫困的一个关键因素在于努力增加贫困人口接触各种事物和信息的机会，因为农村人口消费占印度总消费支出的 80% 左右。[15]在消除贫困的过程中，在印度经营的公司开发出了多种利用人际网络进行分销的创新性方法。

在与贫困人口合作在农村地区分销产品方面，印度烟草公司和印度联合利华等公司发挥了重要作用。印度烟草公司最著名的举措是开发了 e-Choupal 软件系统。这款软件使农民能够知晓天气状况和作物价格，并将他们的产品直接出售给消费者，无须中间商。印度烟草公司还利用它与农民合作伙伴之间的网络开发了 Choupal Saagars。这是一个小型购物中心网络，销售的产品五花八门，既有消费品，也有健康服务和金融服务。印度联合利华公司则是授权一个农村妇女社区来销售消费品。成为印度联合利华公司的分销合作伙伴使这些女性能够获得额外的收入。这两家公司以不同的方式向它们的渠道合作伙伴传播了具有社会责任感的价值观，而这些渠道合作伙伴恰好也是它们的消费者。

印度有 87% 的消费者会根据家人和朋友的推荐来购买产品，所以印度烟草公司和印度联合利华的举措是可以理解的。[16] 在印度，尤其是以农村为目标市场时，点对点销售是最常用的市场进入策略，其中的关键原因也是如此。

在新的增长型市场中，分销依赖众多渠道合作伙伴构成的网络。这种创新的分销模式植根于消费者社区化这一新兴现象。消费者的作用不限于推广品牌，还扩展到了销售品牌。在印度这样的典型案例中，渠道合作伙伴就是个人消费者。在其他不那么极端的案例中，渠道合作伙伴可能是更了解本地情况、与消费者社区有更好的人际联系的小企业。这些渠道合作伙伴是向消费者传播品牌故事的最佳媒介，因为它们在当地更有信誉。消费者愿意倾听它们的讲述。像戴尔这样希望在增长型市场中大展拳脚的公司，应该积极拥抱这一新兴趋势。

渠道合作伙伴是企业的创意盟友：管理关系

在营销 3.0 中，权力属于消费者。遗憾的是，并非所有企业都能直接接触到消费者。一般来说，它们和消费者之间还隔着许多中间商。这些渠道合作伙伴除了把产品推向市场，也提供了一个消费者接触点。在某些情况下，消费者会认为渠道合作伙伴比产品制造商更重要。例如在 IT 行业，消费者与提供增值服务的经销商之间的关系往往比与制造商的关系好。他们认为提供增值服务的经销商能够提供解决方案，而制造商只销售通用化的零件。

渠道合作伙伴的重要性在不断提高，这要求企业在管理合作伙伴时考虑更多的因素。首先，企业应该了解产品的边际贡献率、库存周转率以及产品对于渠道合作伙伴总体战略的重要性。其次，企业应该开展合作营销和店内促销，并确保品牌在零售店得到充分展示，从而对零售层面的"售出"过程表现出真正的关注和积极的管理。最后，企业还应该关心和了解消费者对渠道合作伙伴的整体印象和满意度。

渠道成为价值链中越来越重要的环节，以至于今天许多渠道开始与公司竞争消费者的忠诚度和所有权，企业与渠道整合的概念变得尤为重要。如果价值链中没有这种整合，企业和渠道很可能会为了争夺利润和对消费者的影响力陷入一场零和博弈，而不是相互合作，寻找并利用协同机会来对抗其他竞争对手。

企业与渠道整合的起点通常是企业与渠道合作伙伴开展基本的合作，特别是在零售促销层面的合作。随着双方关系不断加强，它们会开始相互整合，也开始与行业价值链中的其他成员整合。整合的过程可能包括定期分享信息和制定联合的战略规划等。当合作伙伴关系再进一层时，它们的价值观会统一起来，企业和渠道合作伙伴在外人眼中将融为一体，不分彼此。

建立创造性的渠道合作伙伴关系，通常会经历四个阶段。第一个阶段，即单一渠道阶段。企业的全部销售工作都依赖同一个渠道，这个渠道可能是公司自己的直销团队，也可能是唯一的渠道合作伙伴。许多企业刚开始起步时只在有限的地理区域内销售，自己的销售团队或单一的渠道合作伙伴就能完成所有的销售工作。

随着企业的发展，它会拓展更多的分销商和其他渠道，以扩大业务覆盖区域，提高销售收入和消费者获得产品的可能性，不限制分销商或其他渠道在哪里销售或向谁销售。这种策略通常会导致分销商和其他渠道之间的销售冲突。这就是第二个阶段，即多渠道阶段。企业通过多个分销商和直接渠道销售产品，但不划分产品边界、细分市场边界或地理边界。

更先进一些的分销系统考虑到了渠道冲突问题，并根据地理区域、消费者细分或产品细分来划分市场。每个分销商或渠道负责开发一个单独的市场。第三个阶段是以领地为基础的渠道阶段。在这个阶段，企业会给分销商和直接渠道设定明确的运营边界和运营规则，以避免渠道间的冲突。

在最高级的分销系统中，企业的各种渠道会分工。通过这种分工，几个不同类型的渠道可以在同一个细分市场或区域市场中共存。这些渠道会合作，而不是竞争。第四个阶段是整合的多渠道阶段。在这个阶段，企业会给不同的渠道分配各自的任务。例如，一家计算机制造企业可能会这样给多个渠道分配任务：网站负责触发需求，直营店负责提供消费者体验，经销商负责分销和提供技术支持，销售团队负责向企业消费者销售并为它们引荐距离最近的经销商。公司应该努力达到这种最高级的整合程度。在整合的多渠道阶段，公司及其渠道合作伙伴能够创造性地发现新的方法，在不发生冲突的情况下为消费者服务。

小结：价值观驱动的渠道合作伙伴关系

在营销 3.0 中，渠道管理的起点是寻找具有相似宗旨、身份和终极价值观的合适的渠道合作伙伴。价值观一致的合作伙伴能够向消费者传播更有说服力的品牌故事。为了使合作伙伴的关系更进一步，公司应该与合作伙伴整合，使品牌故事更加真实可信。

MARKETING

3.0

第 6 章

向股东营销愿景

短期主义导致经济崩溃

2008 年 9 月，雷曼兄弟公司倒闭。[1]该公司已经存续了 158 年，在 20 世纪 30 年代的大萧条中得以幸免。但在这场现代的金融危机中，它只挺了 13 个月。它最终申请了有史以来最大规模的破产，使这场自大萧条以来最严重的金融危机雪上加霜。雷曼兄弟公司的倒闭只是美国金融业历史上最具灾难性的一个月里发生的一系列事件中的一件。[2]其他事件还包括房利美和房地美被政府接管，美国国际集团得到救助后侥幸脱困，华盛顿互惠银行被联邦存款保险公司接管，美联银行被出售等。

吉姆·柯林斯的《再造卓越》（*How the Mighty Fall*）一书解释了这些企业为何纷纷衰落。这本书描述了一家企业走向末路的过程中会经历的五个阶段。柯林斯认为，成功的企业往往会变得傲慢，认为自己无所不能（第一阶段），因此会激进地追求疯狂增长（第二阶段）。当它们发现失败的早期预警信号时，会选择视而不见（第三阶段），直到它们的失败变得有目共睹（第四阶段）。此时如果再不进行改革，它们最终会走向破产（第五阶段）。[3] 这个过程表明，过度的进攻和缺乏脚踏实地的目标会使企业走向衰败。企业往往会被实现短期增长的渴望蒙住双眼，从而对风险视若无睹。

2009 年 9 月，雷曼兄弟破产一年后，包括沃伦·巴菲特和郭士纳在内的 28 位知名人士签署了阿斯彭研究所发起的一份联合声明，呼吁结束金融市场的短期主义，并制定相关政策，为股东和社会创造长期价值。[4] 这份声明指出，短期主义对于推动可能导致经济崩溃的冒险性策略难辞其咎。签署人一致认为，受长期利益驱动的资本主义会对世界做出重大贡献，他们鼓励股东在投资中更加耐心。

股东的这种短期主义取向也引起了政府的关注。英国财政部前金融事务秘书迈纳斯勋爵提出了一种双层股权结构，在决定企业的战略方向时，赋予长期股东比短期股东更多的投票权。[5] 在这种结构中，短期股东投票的代表票数会受到限制。尽管这个提案仍在讨论中，但许多人认为，这种起源于家族企业的制度将有助于公司减少短期主义的决策。

阿尔弗雷德·拉帕波特认为，操纵短期收益来迎合股东的期望最终会损害股东的价值。[6]拉帕波特发现，大多数企业都会试图迎合股东的短期期望，甚至会减少能够创造价值的长期投资。在此，我们敦促企业将行为模式从满足股东的短期期望转变为提供长期业绩。股东必须回归基本面，认识到企业的价值主要来自长期的现金流，对未来的愿景将决定企业的业绩。

对企业股东的定义取决于企业所处的发展阶段。科特勒、卡塔加雅和扬在《吸引投资者》(*Attracting Investors*)一书中描述了随着企业的发展，股东的性质将如何变化。[7]初创企业既没有内部资金来源，也没有外部投资，可谓白手起家。经过几年的运营，它们可能会吸引到天使投资人，也就是早期的个人投资者，将自己的资金投入企业，以期获得高额的经济回报或满足他们自己支持创业的兴趣。

再过一段时间，这些企业可能会吸引到私募股权，主要来自风险投资人，也就是一群拥有投资管理经验和资金池的人，他们将帮助这些企业实现首次公开募股（IPO）。通过首次公开募股，企业可以发行能够公开交易的股票，从而吸引更广泛的投资者。股份持有人将拥有该企业的部分股本。企业还可以通过发行债券来筹集资金，债券持有人将定期获得利息，并在债券到期时获得还款。银行和其他投资者能够为企业提供额外的融资来源。企业必须了解这些提供资金的股东，这样才能满足他们的需求。

根据一种新出现的观点，管理层的工作是为包括股东在内的更广泛的群体获得回报；聪明的企业会关注所有利益相关者——消费者、员工、渠道合作伙伴、政府、非营利组织和广大公众，而不仅仅是股东。一家成功的企业从来不是光靠自己。它之所以成功，是因为它建立了一个卓越的利益相关者网络，其中每个利益相关者都能在企业的业务及其结果中找到自己的切身利益。与只关注股东的短期利润最大化相比，满足利益相关者，确保他们都感到有所回报，通常会给企业带来更强的长期赢利能力。

长期股东价值 = 可持续的愿景

柯林斯和波拉斯认为，把企业的使命和价值观与它对未来的展望结合起来，就形成了企业的愿景，我们也非常认同这个观点。[8] 企业看待未来的心智模式就是企业愿景。

我们认为，对企业来说，最强劲的未来趋势，特别是资本市场中的未来趋势，就是可持续性。企业要创造长期的股东价值，可持续性是它要面临的一个非常重要的挑战。但可持续性有两个定义。昆雷泽指出，在企业眼中，可持续性是指企业能够在商业世界长期生存。[9] 而在整个社会看来，可持续性是环境和社会福祉长期存在。过去，企业并没有看到这两种可持续性之间的协同效应。

最近，为了在商品化的世界中寻找新的竞争优势，各家企业终于意识到实现这种协同效应的机会。我们得出这一结论，是因为近年来发生的两个最重要的变化——市场两极分化和资源稀缺。下面我们将分别讨论这两个变化。

两极分化：选择高端市场还是低端市场

如果说自 20 世纪 90 年代末以来，有一个重大趋势一直困扰着商界人士，那就是市场的两极分化。市场逐渐分化为高端市场和低端市场，中间市场正在消失。西尔弗斯坦和巴特曼在《寻宝》（*Treasure Hunt*）中提到，他们的调查发现，收入在 5 万至 15 万美元之间的美国中间市场消费者，要么趋优消费，要么趋低消费。[10] 他们要么寻找负担得起的奢侈品来犒劳自己，要么购买便宜货，或者干脆要求"物美价廉"。这两位作者估计，2006 年美国的趋优消费规模约为 5000 亿美元，而趋低消费规模约为 1 万亿美元。他们还在日本和德国观察到了类似的趋势。克努森、兰德尔和胡戈姆对欧洲、北美及挑选出来的其他国家（或地区）的 25 个行业和产品类别进行了研究，也发现了同样的趋势。[11] 他们发现，从 1999 年到 2004 年，中间市场产品的年均收入增长率落后市场平均增长率 6 个百分点。

这对市场结构和竞争方式具有重要影响。企业只能在高端市场竞争，或在低端市场发展。无论选择哪种市场，都无可回避地要更加关注社会和环境条件。社会和环境条件深刻影响着低端市场，也正成为高端市场关注的问题。

我们认为，一方面，高端市场正在走向成熟，高端消费者也开始关注可持续性。当营销人员决定用高端产品打开市场时，应该认真思考可持续性这个概念。他们需要用可持续的商业模式来触动消费者的精神。全食连锁超市、巴塔哥尼亚公司和赫曼·米勒家具公司等企业都采用了这种商业模式。它们会对产品收取较高的价格，但仍然能维持高度忠诚的消费者群体，愿意为企业的可持续性实践买单。

另一方面，低端市场有更为庞大的消费者群体。未来的高速增长将来自这部分消费者。很多专家都认为，贫困群体将带来新的市场机会。普拉哈拉德和斯图尔特·哈特都是著名的商业思想家，他们一直在关注市场金字塔底部潜藏的财富。普拉哈拉德的《金字塔底层的财富》和哈特的《十字路口的资本主义》都认为，贫困群体不仅很有可能提供一个不断增长的消费市场，还有可能组成一个重要的创新实验室。[12] 克莱顿·克里斯坦森甚至认为，颠覆性技术通常都是为了解决贫困社会中的问题而诞生的。[13] 例如，印度正在取得诸多突破，使更多产品能够为贫困人口所负担得起。菲利普·科特勒和南希·李在他们的《脱离贫困》（*Up and Out of Poverty*）一书中展示了如何利用社会营销使更多人脱离贫困。[14]

贫困人群总会憧憬一些他们以前无法获得的产品，而之所以无法获得，不仅是因为收入限制，还可能是因为根本接触不到这些产品。企业要想把这些消费者作为目标市场，就需要提供克服这些消费障碍的解决方案。2008 年诺贝尔和平奖获得者穆罕默德·尤努斯让我们看到了银行如何通过小额信贷帮助贫困人口增加收入。[15] 可口可乐、联合利华等企业也展示了它们如何将常见的产品分销到更偏远的乡村地区。[16] 这些解决方案也能帮助发达经济体中的企业触达更多的贫困消费者，并为他们服务。

资源稀缺：地球有极限

在过去的几十年里，环境可持续性这个概念在商业中的意义一直在演变。[17]20 世纪 80 年代，随着制造业的发展，环境可持续性的重点是减少和防止制造业污染。到了 20 世纪 90 年代，以消费者为中心的实践越来越普遍，环境可持续性的概念就意味着产品管理，各家企业竞相开发对环境友好的产品。

如今，自然资源越来越稀缺，可能无法支持消费长期强劲的增长。某些资源的价格一路飙升，增加了企业和最终消费者的成本负担。企业必须节约资源和能源，来应对环境挑战。那些善于处理资源稀缺问题的企业将成为最终的赢家。能够获得可持续的自然资源供给，越来越成为一种强大的竞争优势。

全食连锁超市这样接受环境可持续性理念的企业已经不再罕见，它因向利基市场提供天然和有机产品而闻名。但是，当沃尔玛这样的大企业也在 2006 年宣布接受可持续性理念时，我们知道可持续性将不再是商业世界的小众价值观，而是开始跻身主流。[18]沃尔玛承诺，将采用从环境角度看更合理的工作方式，以提高工作效率，还承诺从更注重可持续性的供应商那里采购产品。这是一个信号，表明不具备可持续性的行为方式的成本越来越高，降低成本的唯一途径是转向绿色。这也是一个警示，建立具有可持续性的供应链将很快成为公司面临的一个重要议题。

阿尔·戈尔是 2007 年诺贝尔和平奖得主，由他编剧和主演的关于全球变暖的电影《难以忽视的真相》获得了两项奥斯卡奖。他一直在努力宣传地球承载能力的极限，以及这个极限给商业世界带来的重大限制。他认为，金融危机唤醒了商界人士，提醒他们环境可持续性将决定商业世界未来 25 年的面貌。[19]

环境可持续性也将决定扶贫的进展。人们开始意识到关于可持续性的两难困境：我们应该设法缓解贫困，但是可利用的资源有限。发展中国家的政府在试图通过积极的经济增长来缓解贫困时，往往会忽视对环境的保护。而且，为了维持生存，贫困人口会被迫大量消耗稀缺的自然资源——清洁的水和空气，以及肥沃的农业土壤。这样的做法将使环境和贫困人口的生活条件进一步恶化。解决这些问题，需要依靠社会创业者在贫困地区进行对环境友好的创新。我们将在第 8 章更详细地讨论社会创业。

可持续性和股东价值

两极分化和资源稀缺这两大趋势使企业迈向可持续性的步伐更加势不可当。企业越来越意识到，如果能抓住可持续性这波机遇，就能在竞争中获得优势。通用电气深知，作为一家由价值观驱动的企业，不仅仅是行善事那么简单。首席执行官杰夫·伊梅尔特认识到，可持续发展是应对不断变化的商业环境的必由之路。[20] 他意识到，成熟市场和增长型市场之间存在着巨大的差距，而设法缩小差距的过程将给通用电气带来光明的业务前景。他还认为，资源稀缺的经济背景正迫使企业提出创新性的解决方案，通用电气希望这些解决方案能够用上它的产品和服务。通用电气希望向所有人表明，它可以通过解决社会问题获得利润，而且它在太阳能电池板、风力涡轮机和水质研究等方面的努力已经证明了这一点。作为一家大型上市公司，通用电气认为可持续性实践是为股东提供价值的重要手段之一。

科尔尼咨询公司发现，在金融危机期间，奉行可持续发展的企业的表现往往优于同行。[21] 在它考察的 18 个行业中，有 16 个行业中的可持续发展企业在 2008 年 5 月至 11 月期间的股价表现比行业平均水平高出 15%。奉行可持续发展的企业对于商业环境的变化具有更强的弹性和适应性，能够为股东提供更多价值。

　　经济学人智库 2008 年对全球 1254 名高层管理者进行的一项调查也证实，企业可持续发展与坚挺的股价表现之间存在联系。[22] 那些强调减少社会和环境负面影响的企业的高层管理者表示，他们的企业年度利润增长率为 16%，股价增长了 45%；而那些不关注可持续发展的企业的高层管理者则表示，他们的企业年度利润增长率仅为 7%，股价仅增长了 12%。

　　这些高层管理者还认为，了解可持续性的概念对企业大有裨益。约 37% 的受访者说可持续性会吸引消费者，34% 的受访者认为可持续性能够提高股东价值，26% 的受访者表示可持续性能够吸引优秀的员工。因此，在这些企业领导者中，有大约 61% 的人表示，与股东沟通企业在可持续性发展方面的表现将是他们未来五年议程中的优先事项。其中 24% 的受访者表示这将是他们的首要事项，其余 37% 的受访者表示这将是重要事项。

　　投资者也对可持续性越来越感兴趣，因此开发了各种指数来追踪可持续性实践。下面就是几个评价可持续性的指数的例子：

- KLD 广泛市场社会指数（BSMI）将好的商业行为定义为考虑到了环境、社会和治理（ESG）等因素的行为。[23]
- 富时社会责任指数（FTSE4Good Index）将好的企业定义为致力于环境可持续性、与所有利益相关者

建立积极关系、保护基本人权、拥有严格的供应链
用工标准和反贿赂行为的企业。[24]

● 道琼斯可持续性指数（DJSI）认为可持续性的商业实
践能够带来更高的利润率，因为这样的商业实践有助
于挖掘具有可持续性意识的消费者的市场潜力，同
时减少不可持续性行为带来的成本和风险，比如废
物管理和缓解危机的成本。这个指数将企业可持续
性定义为"一种通过抓住机遇和管理经济、环境及
社会发展风险来创造长期股东价值的商业方法"。[25]

● 高盛公司推出了"高盛可持续发展企业榜单"，上榜
的都是注重可持续性实践的企业。[26] 高盛公司意识
到，世界变得越来越透明，经济增长正在向金砖国
家转移，因此在评选这份名单时纳入了 ESG 的概念，
与 KLD 广泛市场社会指数中使用的 ESG 概念类似。
此外，这份名单还分析了替代能源、环境技术、生
物技术和营养等新兴行业以及这些行业的可持续性
实践。

简而言之，这些指数追踪了企业的三重底线，即企业在与
利润、地球和人类的关系中表现如何。它们衡量了一家企业的
经济、环境和社会影响。但是戴维·布拉德对这些指数提出了
批评，因为它们没有把可持续性实践视为企业战略中一个基本

的内在组成部分。[27] 在开发这些指数时，进行可持续发展研究的团队与进行战略研究和规划的团队往往不是同一批人，这导致可持续性和战略之间的联系有时可能微乎其微。

营销具有远见的战略

威拉德认为，企业之所以会选择可持续的商业实践道路，主要是出于三个原因。[28] 第一个原因是，创始人个人对此富有激情。典型的例子包括 Ben&Jerry's 的本·科恩和杰里·格林菲尔德、美体小铺的阿妮塔·罗迪克和戈登·罗迪克，以及巴塔哥尼亚的伊冯·乔伊纳德。第二个原因是，某些企业由于公众的强烈反对或激进主义运动而遭遇了公共关系危机。例如，杜邦公司就是因为公共关系危机而开始可持续性实践的。第三个原因是，企业还可能由于监管的压力而选择可持续性实践。比如耐克和雪佛龙就曾因为在发展中国家的某些做法而受到监管机构的审查。

然而，这些原因并不能保证企业一直坚持可持续性实践。一旦企业被出售，创始人就无法保证企业的商业行为。缓解公共关系危机和应对监管压力这两个理由通常也不能长期发挥作用。要长期坚持可持续性实践，就必须让它成为源自企业使命、愿景和价值观的战略。管理层必须把可持续性视为能够使企业在竞争中脱颖而出的竞争优势的来源。这是向股东营销企业愿景的关键所在。

面向股东营销需要采用与面向消费者、员工或渠道成员营销不同的方法。与消费者不同，股东不太会对引人注目的品牌故事有什么深刻印象。他们也不像员工那样，与企业文化有强烈的联系。股东考虑的首要因素是获得投资回报。但股东是有责任维护企业可持续性的。作为股东的个人和组织要监督业务绩效，并确保企业的高层管理者做好自己的工作。

我们知道，在消费者和员工市场中触及精神，就是要改变这些人的生活。而在资本市场中触及精神则不然。为了让股东相信营销 3.0 的重要性，企业需要提供切实的证据，证明可持续性实践将为企业带来竞争优势，从而提高股东价值。

股东考虑业绩，考虑的是盈利能力和回报率。盈利能力是一个短期目标，而回报率是一个长期目标。亚马逊或 eBay 这样的公司在成立的头几年都没有赢利，但对回报率的承诺使它们的股东没有撤回投资。关键的问题在于发现可持续性、盈利能力和回报率之间的联系。

向股东营销愿景需要打造一个可靠的业务案例。2008 年，麦肯锡对首席财务官和投资专业人士的一项全球调查显示，高层管理者们坚信，企业与社会之间存在一个契约，可持续性的商业实践会提高股东的价值。[29]

管理层有义务向股东传达可持续性实践能带来的长期利益，最好是用财务数据来传达。我们提出了三个可以在财务上量化的重要指标，分别是成本生产率的提高、新市场机会带来的更高收入以及更高的企业品牌价值。第一个指标可以直接影响盈利能力，而最后一个指标可以影响长期的回报率。第二个指标介于二者之间，既可以影响盈利能力，又可以影响回报率。

成本生产率的提高

一个好的使命能得到获得授权的消费者的支持。公司的成本会降低，因为它能够从网络的力量中获益。消费者社区会传播关于公司品牌的良好口碑。由于消费者会彼此分享他们对公司的好评，公司的广告成本将大大降低。而有了消费者参与的低成本共创，产品的开发成本也会降低。消费者授权还意味着消费者服务成本的降低，因为有些业务流程是由消费者自己完成的。

一家展现出强大价值观的公司将得到员工和渠道合作伙伴的支持。员工的幸福感会很强，他们的工作效率也会相应提高。公司招聘和留住人才的成本也会变小。由于员工在日常工作中践行公司的价值观，他们对培训的需求减少了，这也是一个成本节约点。员工会在与消费者的互动中表现更好，从而降低与消费者投诉相关的成本。此外，渠道合作伙伴也会更加支持公司，不太可能试图强迫公司提供更高的渠道佣金。

能够在社会和环境方面带来良好影响的实践也会降低成本。考夫曼、雷曼、埃尔戈特和劳尔对 200 家公司进行的一项研究表明，公司可以通过对环境负责的实践来获得竞争优势。[30] 这样的公司，生产效率比较高。它们消耗的资源更少，产生的废物也更少。克拉森对 100 家加拿大公司的一项研究也表明，做一家绿色公司可以节省资金。[31] 这样的公司能够更好地控制废物管理和能源消耗，因公众对抗而导致的成本和风险都比较低，获取原材料的方式也更具有可持续性。它们通常在低收入市场运营，分销工作能够得到社区网络的帮助。已有消费者会充当潜在消费者的购买渠道，因此公司的营销成本比较低。它们对社会和环境友好的实践被消费者认可，所以获取消费者的成本也较低。

管理层必须构思一个引人注目的故事，让股东知道可持续性的实践能够长期节约成本。在成本不断上升的行业中，更高的生产率可能会是一个显著的竞争优势。当商业周期进入低谷时，这些成本节约也许可以决定一家公司能否在经济衰退中幸存下来。

新市场机会带来更高的收入

营销 3.0 能够以各种方式为企业带来机遇。从企业的角度来看，拥有良好的使命、愿景和价值观更容易打入新市场。它们会更受欢迎。它们会有机会参与发展中国家的增长型市场。发展中国家的政府欢迎能够改善人民生活的企业前来投资。一些非政府组织也会支持这些企业完成它们的使命。而且，这些企业还能在通常监管较为严格的市场中获得更大的自由度。有了稳健的商业实践，企业就可以高枕无忧了。进入新市场意味着潜在的收入和利润增长，其中很重要的一个原因是新市场中的竞争不像其他市场那么激烈。

那些选择可持续发展的企业，无论进入哪一端市场，都将畅行无阻，包括高端市场和低端市场。高端市场的消费者喜欢可持续性这个概念，因为它触及了人的精神。科恩的一项调查显示，即使在金融紧缩时期，仍有44%的消费者坚持购买绿色产品。[32] 其中有大约35%的消费者甚至表示，经济危机后他们对绿色产品的兴趣更浓了。弗雷斯特研究所的一项研究也证实，80%的消费者会被具有社会责任感的品牌影响，18%的消费者愿意为这些品牌支付更高的价格。[33] 同样，对环境负责的品牌会吸引73%的消费者，有15%的消费者愿意为这些品牌支付更高的价格。另外，贫困的消费者群体需要有人来解决他们面临的问题，具有社会责任感的实践将提供更好的解决方案，并为企业赢得消费者的尊重。

从营销的角度来看，可持续性使企业能够瞄准新的细分市场，特别是由具有协作性、文化性和创造性的消费者群体构成的不断增长的市场。可持续性实践能够赢得消费者的赞赏，开启企业与消费者的对话。企业凭借自己在社区中的良好声誉，可以吸引到更多消费者。所有这些好处都将对企业的收入增长做出重大贡献。

更高的企业品牌价值

哈奇和舒尔茨认为，企业的愿景、形象和文化，有助于建立企业的品牌。[34] 企业品牌就像是为企业生产的产品提供了认可标记，能保护企业免受外界的威胁。例如，美体小铺宣称不进行动物试验，当有记者质疑这种声明的真实性时，它就用自己的企业品牌作为回应，所有消费者都相信这个品牌象征着无动物试验，因此这位记者的质疑无法损害美体小铺的诚信。

高层管理者们知道，可持续性实践有利于企业打造良好的声誉。商务社会责任国际协会（BSR）和科恩公司在 2008 年进行的一项调查显示，大约有 84% 的专业人士认为，企业责任感对企业声誉的好处正变得越来越重要。[35] 但企业声誉这个概念是无形的，因此有时股东很难认可这样的好处。幸运的是，许多咨询公司，比如英图博略和品牌金融，都提供评估企业品牌声誉和品牌资产的服务。品牌资产这个指标可以从财务角度进行解释，因此会更受到股东的重视。例如，英图博略计算出，由于通用电气启动了"生态畅想"计划，也就是一项为环境问题提供解决方案的计划，它的品牌价值增长了 25%。[36] 这一发现表明，对可持续性的承诺会对企业的声誉和品牌产生重大影响。

小结：营销 3.0 的商业案例

为了说服股东，除了使命和价值观外，企业管理层还需要确定和传播公司愿景。在营销 3.0 中，企业愿景中应该包含可持续性的概念，因为它将决定企业的长期竞争优势。商业格局的变化，特别是市场两极分化和资源稀缺，使可持续性的重要性日益增强。企业需要向股东传达，采用可持续性实践可以提高成本生产率，带来更高的收入增长，并提升企业的品牌价值。

3.0

MARKETING

第三篇

应 用

MARKETING

3.0

第 7 章

推动社会文化变革

面向后增长市场的营销

成熟市场总是会给营销人员带来挑战。成熟市场几乎没有增长。现有的消费者对产品很了解，并且开始将产品视为普通商品。富有创造性的企业能够提供出色的服务和令人兴奋的体验，从而在这样的市场中脱颖而出。这些创新性的服务和体验可能会在一段时间内推动市场增长，但最终也会沦为普通商品。营销人员必须更进一步，给世界带来变革。[1]变革对人类生活的影响更大，因而持续的时间更长。

在美国和英国等成熟市场，越来越多的消费者青睐那些能对社会文化产生积极影响的企业。下面列举的是最近的调查发现。

● 在从 1993 年到 2008 年的 15 年里，科恩的历次调查结果一致显示，85% 的美国消费者对为解决社会问题做出贡献的企业有好感。即使在困难时期，仍有超过一半的消费者期望企业为解决社会问题做出贡献。[2]

● 即使处于经济衰退时期，2009 年仍有 38% 的美国人从事具有社会意识的活动。[3]

● 市场调查公司益普索 - 莫里（Ipsos Mori）的一项调查显示，英国大多数消费者（93%）希望企业提升产品和服务对社会的影响。[4]

企业需要应对社会上的挑战，并和整个社会一起寻找应对挑战的方案。在美国，深层次的社会问题包括健康福祉、隐私保护和因离岸外包导致的工作岗位流失。这些挑战已经存在多年。每个人都知道有这些问题，也没有人指望哪个企业能够在一夜之间解决它们。身处营销 3.0 时代的营销人员，不是要单枪匹马地创造变革，而是要与其他企业合作，找到解决这些问题的创新性方法。

有两种力量迫使成熟市场中的企业支持变革，分别是对未来增长的需要和对显著差异化的呼唤。下面的两个例子说明了为什么改变消费者的生活方式可以刺激增长和创造显著的差异化。

对未来增长的需要：关注儿童营养的迪士尼

迪士尼公司主要专注于娱乐产业。除了运营主题公园，迪士尼也是世界上最大的角色特许经营商，拥有米老鼠、唐老鸭、维尼熊等众多角色的所有权，领先于华纳兄弟和尼克儿童频道等角色所有者。2009 年，迪士尼以约 40 亿美元的价格收购了竞争对手之一漫威，以加强自己在角色特许经营市场的地位。[5]

除了专注于娱乐产业，迪士尼公司还会通过销售消费品来触达儿童市场。在消费品这个特定业务领域中，迪士尼公司希望解决消费者面临的健康挑战，特别是肥胖问题，并把应对健康挑战纳入自己的商业模式。[6]迪士尼消费品部正在尝试与几个伙伴合作，改变儿童的饮食习惯。

2004 年，迪士尼消费品部从联合国儿童基金会的一份报告中了解到，美国 5 岁至 9 岁的儿童中有 30% 以上超重，14% 肥胖。并没有人认为迪士尼消费品部是造成这一问题的主要原因，但它的特许经营商之一麦当劳则被认为是美国儿童肥胖的罪魁祸首，因此迪士尼消费品部也被拉到了聚光灯下。为了帮助儿童和他们的母亲提高健康意识，迪士尼消费品部根据美国食品药品监督管理局制定的营养指南，设计了一套名为"更有益健

康"的营养指南。这份指南为迪士尼的特许经营商列出了一个
生产健康食品的基本配方。迪士尼消费品部将这份指南用在了
提供新鲜农产品的特许经营项目梦想农场（Imagination Farms）
中，还与美国最大的连锁超市之一克罗格合作，根据这份指南
开发了迪士尼的自有品牌产品。现在，迪士尼消费品部贡献
了整个迪士尼集团约 6% 的收入，是解决全球肥胖问题的重要
力量。[7]

　　迪士尼此举是一项重要的战略举措，因为它预测到具有健
康意识的消费者将越来越多这一新兴趋势。最好的战略是吸引
未来的消费者，也就是儿童。在他们生命的早期与他们建立联
系，这将帮助迪士尼在成熟市场抓住未来增长的机会。

对显著差异化的呼唤：关注健康生活的 Wegmans 连锁超市

　　作为品类杀手，沃尔玛对超市构成了巨大威胁。其他超市
所依赖的唯一一个差异化因素是由它们所处的更便利的地理位
置带来的空间上的差异化。自从沃尔玛进军社区市场后，这种
差异化已经不那么明显了。由于没有更显著的差异化，这些超
市难以证明它们较高的定价是合理的，也就难以与沃尔玛的每
日低价策略竞争。

　　为了应对沃尔玛带来的挑战，一些超市也在努力打造自己
的差异化，并在这个过程中改变了消费者的生活方式。Wegmans
连锁超市就是一个例子。Wegmans 是一家提倡健康生活方式的

私营连锁超市，在《财富》杂志进行的年度最佳雇主调查中，被评为最佳雇主之一。[8] 它支持员工培养健康的生活方式。在商品销售和打造全面的店内体验方面，Wegmans 也被认为是最好的公司之一，店内设有附属药房、葡萄酒商店、光碟租赁店、干洗店、书店和儿童游乐区。它的零售区域生产率高于行业平均水平，营业利润率也优于沃尔玛，甚至优于全食连锁超市。

Wegmans 通过提供健康美味的预制食品，推广了"家庭替代餐"的概念。它提倡"健康饮食，健康生活"，就是要多吃水果和蔬菜、进行体育锻炼、监测热量摄入和健康指标，多管齐下。Wegmans 认为，健康程度与营养水平高度相关，推广健康的生活方式有益于社区发展，也有益于它自身的业务。Wegmans 与全食等超市一起改变了这个行业的游戏规则。随着消费者健康意识的增强，其他超市也都陆续把对健康的关注作为一个差异化因素。就连沃尔玛也不得不在营销活动中关注消费者的健康问题。其他超市更显著的差异化削弱了沃尔玛在食品杂货领域成为品类杀手的能力。[9]

从慈善到变革

越来越多的企业在通过慈善活动解决社会问题。这些企业会将部分收入捐赠给慈善机构或特定的社会事业。众所周知，教育是慈善活动最喜欢投入的领域，75% 的企业都参与其中。[10]

尽管捐款能帮助公益事业发展，但许多企业开展慈善活动主要是为了提高声誉或获得税收减免。

慈善活动不仅限于西方的成熟市场。在新兴市场，慈善活动甚至更加流行。美林投资银行和凯捷咨询公司联合调查发现，亚洲的百万富翁将 12% 的财富用在了社会事业上，而北美的百万富翁只为社会事业贡献了 8% 的财富，欧洲的百万富翁只贡献了 5%。[11]

虽然慈善活动对社会有帮助，但我们永远不能高估它对社会文化的影响。其实近年来增加的慈善活动是受社会变化推动的。人们变得更关心周围的人，更愿意回馈社会。盖洛普的一项民意调查显示，即使在经济衰退时期，仍有 75% 的美国人在为某项社会事业捐款。[12] 但慈善活动并不能刺激社会发生变革，而是社会变革在推动慈善事业的发展。正因为这样，通过慈善活动解决社会问题只能给企业带来非常短期的效益。

应对社会挑战的一种更高级的形式是事业关联营销，也就是企业通过营销活动支持某项特定的公益事业。美国运通公司最早开始使用事业关联营销策略，帮助筹集修复自由女神像的资金。它表示，将捐出其信用卡业务收入的 1% 作为自由女神像的修复基金。为此，许多美国人都在购物时使用美国运通卡，而不是 Visa 卡或万事达卡。

在事业关联营销中，企业不仅会用金钱来支持公益事业，还会投入大量精力。它们会把所支持的事业与自己的产品联系起来。例如，桂格公司曾发起过一场反饥饿运动，以此来宣传燕麦片对健康的好处。[13] 它在这次运动中采取了一系列行动，包括食品募捐、资助社会活动和捐赠燕麦片等。又比如，哈根达斯开展了旨在保护蜜蜂群落的"帮助蜜蜂"计划，把蜜蜂定位为重要的食物原料来源，特别是制作冰激凌的原料来源。[14] 哈根达斯还在社交媒体上鼓励消费者通过种花和食用天然食物来帮助蜜蜂。再比如，英国的 Waitrose 超市和美国的全食连锁超市也进行过事业关联营销。[15] 消费者每次购物时都会收到一枚代币，他们可以把这枚代币投入他们想要支持的那个慈善项目捐款箱里。营销活动结束后，每个捐款箱里的代币将被兑换成现金，并捐赠给对应的慈善项目。

许多支持慈善活动的企业会选择支持能够吸引特定消费者或员工的某项事业。比如雅芳公司曾帮助筹集超过 1 亿美元来支持乳腺癌研究。[16] 很明显，雅芳公司的消费者主要是女性，所以它希望为这项主要与女性相关的慈善事业提供帮助。而摩托罗拉公司会慷慨地资助主要的工程学校。这些工程学校教学和研究水平的提升，将使摩托罗拉公司从中受益，因为该公司会直接从这些学校中招聘工程师。[17]

近年来，慈善事业和事业关联营销越来越流行。爱德曼国际公关公司的一项全球调查显示，85% 的消费者更喜欢有社会责任感的品牌，70% 的消费者愿意为这些品牌支付更高的价格，55% 的消费者甚至会向家人和朋友推荐这些品牌。[18] 各家企业也深知这一事实。它们越来越强烈地意识到，员工、消费者和公众对企业的看法不仅基于企业产品和服务的质量，还基于企业履行社会责任的程度。全世界大多数（95%）企业高层管理者都承认，企业必须对社会有所贡献。[19] 他们预测，消费者和员工对支持社会事业的需求将影响企业未来五年的发展战略。

如今，仍然有很多企业在开展慈善活动和事业关联营销，但并没有将其提升到战略层面，往往只是把它们作为公共关系或营销传播策略的一部分。因此，它们并没有改变高层管理者的观点以及他们经营业务的方式。企业高层管理者仍然只是把社会事业视为一种责任，而不是实现增长和加强差异化的机会。

另一个问题是，企业开展的慈善活动可能会带来一定程度的消费者参与，但往往不会授权或改变他们。他们的生活方式仍然没有变化。授权意味着自我实现，是满足消费者马斯洛需求金字塔中更高层次的需求。创造变革是在成熟市场开展营销的终极形式。

在营销 3.0 中，不应该仅仅把应对社会挑战视为开展公共关系的工具，也不应该将其仅仅用来消除由公司行为的负面影响带来的批评。相反，公司应该成为良好的企业公民，把解决社会问题深深嵌入商业模式。从开展慈善活动和事业关联营销进一步迈向带来社会文化变革，能够增强公司的影响力（见图 7-1）。社会文化变革把消费者视为有血有肉的人，对他们进行授权，使他们有能力追求马斯洛需求金字塔中更高层次的需求。

推动社会文化变革，不仅涉及公司的产品层面，还涉及商业模式层面。它能够利用协作的力量，降低公司成本，并为公司带来更大的影响力。

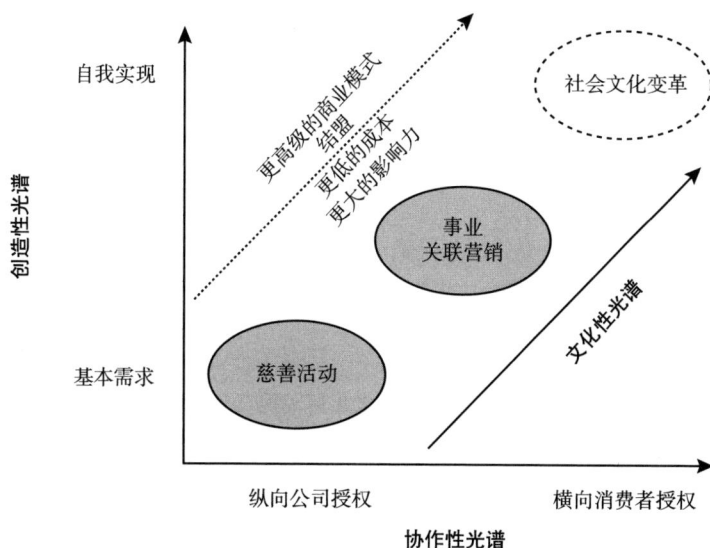

图 7-1　在营销中解决社会问题的三个阶段

变革的三个步骤

公司推动社会文化变革需要经过三个步骤（见图 7-2）。第一步是识别社会文化问题。选定了具体的问题之后，接下来第二步，公司还要确定潜在支持者，主要包括目标市场、周围的利益相关者和业务所在的社区。最后第三步是提供变革性的解决方案。

识别社会文化问题

公司应该根据三个标准来选择它要解决的问题：与愿景、使命和价值观的相关性，业务影响，以及社会影响。

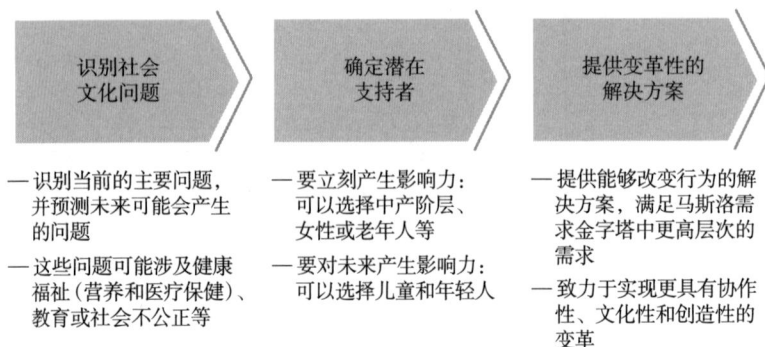

识别社会文化问题	确定潜在支持者	提供变革性的解决方案
—识别当前的主要问题，并预测未来可能会产生的问题 —这些问题可能涉及健康福祉（营养和医疗保健）、教育或社会不公正等	—要立刻产生影响力：可以选择中产阶层、女性或老年人等 —要对未来产生影响力：可以选择儿童和年轻人	—提供能够改变行为的解决方案，满足马斯洛需求金字塔中更高层次的需求 —致力于实现更具有协作性、文化性和创造性的变革

图 7-2　推动社会文化变革的三个步骤

在成熟市场中，健康福祉是许多公司致力于解决的一个很受关注的社会问题。自 2006 年以来，美国的医疗保健成本已达到其国内生产总值的 16%，也就是每年 20 亿美元。[20] 但一个有趣的事实是，大多数健康问题是由不良但可预防的生活方式引起的。大约 45% 的过早死亡是由肥胖、亚健康和吸烟引起的。在美国，有相当多的人超重或肥胖。他们不经常锻炼，还吸烟。这样的生活方式还带来了沉重的经济负担。因此，改变消费者的生活方式不仅会对社会福祉产生重大影响，还会对经济产生重大影响。

健康本身是一个很宽泛的主题，包括很多子主题，比如营养不良、饮食不均衡、肥胖和亚健康，各种疾病和流行病，自然灾害和难民，个人安全和工作安全，等等。有许多知名公司选择解决与营养这个子主题相关的问题，比如倡导有机食品的全食连锁超市和倡导瘦身的赛百味。选择疾病预防和药物治疗这些子主题的则是默克、葛兰素史克和诺华等制药公司，它们在努力增加某些社区获得特定药物的机会。

教育也是最受欢迎的主题之一。选择健康主题的通常是食品和饮料公司、杂货零售公司和制药公司，而选择教育主题的通常是服务类公司。教育领域最著名的事业相关营销项目之一是 IBM 的"重塑教育"项目。这个项目利用 IBM 的资源（研究人员、顾问和技术）帮助世界各地的学校进行教育改革，对于IBM 而言具有战略意义，特别是可以培养人才来支持它未来的业务。IBM 的另一个教育项目是"小小探索者"。60 个国家（或地区）的 260 万名儿童利用这个基于软件和网络的项目提升了学习体验。

社会公正也是一个热门的主题，包括公平贸易、就业多样性和女性赋权等子主题。美体小铺就是一家选择了社会正义主题的知名公司。"支持社区贸易"和"不做动物试验"等价值观，以及"停止家庭暴力"等项目，都体现了该公司对促进社会公正的承诺。社会公正这个主题也涵盖了离岸外包问题。一些发展中国家的崛起给发达国家带来了重大挑战。由于公司追求效率并纷纷转战海外，许多人失去了工作，国家的整体经济状况也可能会受到损害。[21]

隐私是另一个重要的问题。随着以消费者为中心的理念的出现，特别是一对一营销的出现，许多公司开始使用数据挖掘工具。消费者每次使用积分卡或信用卡，都会被用来制作消费者画像。为了洞察消费者的行为，公司会利用零售店里的监控摄像头对消费者进行录像，以便进行人种学研究。社交媒体和搜索引擎可能会把消费者的身份公之于众。这是营销 3.0 面临的一个两难困境：消费者联网的越来越多，他们也失去了私人空间。IBM 曾与 Eclipse 集团的供应商一起，试图通过 Higgins 计划来解决这一社会问题。[22] 这个计划可以使消费者在上网时不必担心失去隐私，它将掩盖消费者在网络上活动时的个人身份。

确定潜在的支持者

确定潜在的支持者，还需要了解公司的关键利益相关者，尤其是消费者、员工、分销商、经销商、供应商和广大公众。为了获得更大的影响力，公司应该选择对整个社会有重大影响的潜在支持者。

通常有三种类型的潜在支持者。女性、青年和老年人等按照性别和年龄来划分的人群是第一类潜在支持者。女性的潜力往往会被低估。《别想着粉红色》(*Don't Think Pink*) 一书的作者指出，大量女性不仅贡献了一半的家庭收入，拥有自己的事业，还在家庭和办公室中充当采购代理的角色。[23] 西尔弗斯坦和塞尔认为，女性能够推动经济发展，因为她们拥有强大的购买力（年收入总计 13 万亿美元）。[24] 女性还掌握着食品和健康类产品等重要消费领域的决策权。许多与医疗保健有关的社会问题主要源自这两个领域。而且，消费者授权措施对女性比对男性更有效。大约有 44% 的女性感觉自己在日常生活中没有得到授权，因此会寻找对她们授权的品牌。

　　瞄准社会中年龄最大和最年轻的成员——婴儿潮一代和 Y 世代——也能给公司带来产生影响力的机会。隐性人才流失工作组（Hidden Brain Drain Task Force）的一项调查以及休利特、舍尔宾和萨姆伯格进行的补充焦点小组调查和访谈都揭示了这一事实。[25] 在年龄最大和最小的群体中，热衷于为社会做出贡献的人所占的比例（Y 世代中有 86%，婴儿潮一代中有 85%），超过了年龄介于他们二者之间的群体。

　　根据 Youthography 的一项民意调查，年轻人更关注社会问题。大约 90% 的美国年轻人认为社会责任感在他们做购买决策时起到了很重要的作用。而且，儿童和青少年是未来的消费者。因此，他们通常是营养和教育领域关键的潜在支持者。在人口老龄化较严重的国家，比如日本和欧洲大多数国家，老年人被视为健康产品和服务的主要目标市场。[26] 在许多情况下，他们可能成为社会公正和疾病预防领域变革关键的潜在支持者。

　　第二类潜在支持者是中产阶层群体。中产阶层不穷，但拥有的资源有限。巴西著名经济学家爱德华多·贾内蒂·达·丰塞卡将中产阶层定义为"不妥协于贫困的生活,他们愿意为拥有更好的生活做出牺牲,但他们不是从解决生活中的物质问题着手,因为他们已经拥有能使自己生活轻松的物质资产"。[27] 中产阶层是最大的消费者市场,但这个群体在健康、教育和社会公正等方面都面临着重大挑战。因此,针对这些主题的变革可能会吸引中产阶层成为关键的潜在支持者。

第三类潜在支持者是少数群体。这一部分人包括某些种族、宗教信徒和缺乏社会授权的残疾人。这些群体往往会成为推动多样性事业的潜在支持者。《财富》杂志每年都会评选 100 家最适合少数族裔工作的公司。该杂志评选出的 2009 年最具多样性的雇主名单中,包括四季酒店、高通、T-Mobile 和思科等企业。这些企业中的少数族裔员工占了 40% 以上。

提供变革性的解决方案

带来变革的最后一步是提供变革性的解决方案。麦肯锡的一项调查显示,人们希望企业解决社会问题的方式包括创造就业机会(有 65% 的受访者希望企业用这种方式解决社会问题)、实现突破性创新(43%)和提供能够解决问题的产品或服务(41%)。[28]

例如,欧迪办公希望选择一些过去未被充分利用的小企业(historically underutilized businesses,下称 HUB 企业)作为供应商,以此来创造就业机会,对社会做出贡献。[29] 欧迪办公还在供应商之一杰出制造公司（Master Manufacturing）的启发下开始招聘本地员工。杰出制造公司是一家生产椅子脚轮和靠垫的公司，为少数族裔创造了大量就业机会，这已成为它的关键差异化特征之一。通过与 HUB 企业合作，欧迪办公获得了竞争优势，产品需求不断增大。更重要的是，它为当地创造了就业机会，为解决离岸外包问题提供了帮助。

突破性创新的目标是满足人们在马斯洛需求金字塔中更高层次的需求。全球创新设计咨询公司创造了一种以人为本的设计创新方法。[30] 该公司会从三个角度评价每个解决方案：可取性（对解决方案的需求有多大）、可行性（在技术和组织层面上执行解决方案的可能性有多大）和生存能力（从财务角度看解决方案有多大前景）。

提供变革性的解决方案是一个开源的过程，企业可以通过一个三阶段的流程来完成这个开源的过程：倾听、创造和交付。在倾听阶段，可以组建一个由多学科专业背景人员构成的团队，进行深入的研究，详细地揭示解决相关问题时会遇到的隐性挑战。这个团队将深入到公司选择的社区，捕捉其中的故事和隐喻，努力理解潜在支持者的需求。在创造阶段，这个团队要综合各种信息和开展头脑风暴，从而发现机会、设计解决方案并开发解决方案原型。团队还要通过反馈环评估方案的可取性。最后，在交付阶段，他们将进行可行性和生存能力评估，并制订最终计划。

记住，没有人指望一家企业能够独自带来变革。企业之间必须相互合作，还要与利益相关者合作。事实上，它们还必须与竞争对手合作。例如，全食连锁超市和 Wegmans 本质上是竞争对手，但它们共同促使沃尔玛这样强大的竞争对手倡导健康生活。三家企业共同给社会带来了变革。

小结：让变革融入企业的个性

过去，创办企业的目的是通过满足某些市场的需求来创造利润。如果企业取得成功并实现了增长，通常就会有一些人请求它们为某些有价值的事业捐款。它们的应对方式可能是提供一些小额捐款，也可能是开展事业相关营销活动。

随着时间的推移，公众开始期望企业成为社会文化发展的引擎，而不仅仅是谋利的机器。可能有越来越多的消费者开始把企业解决公共问题和社会问题的承诺作为评判企业的标准之一。有些企业可能对这种情况应对自如，把应对社会挑战有机地融入企业个性。它们会改变社会。到那时，这些企业就进入了营销 3.0 阶段。

MARKETING

3.0

第8章

培养新兴市场的创业者

从金字塔形到钻石形，从援助到创业

> 除非找到使大量人口摆脱贫困的方法，否则无法
> 实现持久和平。小额信贷就是这样一种方法。自下而
> 上的发展也有助于促进民主和人权。
>
> ——奥勒·丹博尔特·米约斯[1]

孟加拉国小额信贷机构格莱珉银行及其创始人穆罕默
德·尤努斯成为 2006 年诺贝尔和平奖的共同获得者。就像联合
国千年发展目标中提到的那样，这个奖项是世界减贫努力的一

个重要里程碑。

　　消除贫困可以说是人类面临的最大挑战。[2]其难点在于将社会的财富结构从金字塔形变成钻石形。金字塔形意味着金字塔顶端的少数人拥有很强的购买力，位于金字塔中间部分的消费者人数要比在顶端的人多一些，而大多数消费者都处于底层。[3]必须把金字塔形的财富结构变成钻石形的结构。换句话说，应该让更多处于金字塔底层的人拥有更强的购买力，进入中间部分。这样，金字塔底层的人数就会减少，而中间部分会扩大。

　　随着中国经济快速增长，中国的财富结构正在迅速向这个方向变化。美国著名印度裔记者法里德·扎卡里亚发现，中国的脱贫速度比其他任何一个国家都快。[4]印度的脱贫速度也很快。从1985年到2005年的20年里，印度农村的极端贫困率从94%大幅下降到61%。预计到2025年，这一比率将进一步下降至26%。[5]麦肯锡全球研究所将印度总人口按照收入多少划分成五个细分市场（见表8-1）。2005年，可支配收入总额最多的细分市场是底层的细分市场。然而到2025年，可支配收入总额最多的细分市场将变成中间部分的细分市场。随着中间部分细分市场的增长，这一群体的生活方式也会发生改变，手机和个人护理等产品逐渐成为他们的消费重点。

表 8-1　印度按照收入划分的五个细分市场

编号	细分市场	年收入 （单位：印度卢比）	可支配收入总额 （单位：万亿印度卢比）		
			2005 年	2015 年	2025 年
1	全球化阶层	>1 000 000	2	6.3	21.7
2	奋斗者	500 000～1 000 000	1.6	3.8	20.9
3	探索者	200 000～499 999	3.1	15.2	30.6
4	渴望者	90 000～199 999	11.4	14.5	13.7
5	被剥夺者	<90 000	5.4	3.8	2.6

杰弗里·萨克斯领导的一个专家团队预测，财富结构从金字塔形向钻石形的转变将在世界各地普遍发生。他们估计，到 2025 年，极端贫困人口，也就是每天生活费低于 1 美元的人，将会消失。[6] 但要达到这个目标，必须满足一个不太可能实现的前提条件：所有 22 个发达国家都同意将国民收入的 0.7% 贡献出来，为极端贫困人口提供援助。[7]

但是我们并不认为援助是一种可持续的解决方案。俗话说，授人以鱼，不如授人以渔。只有投资和促进创业才是真正的解决之道。应该帮助贫困人群提升能力，使他们能够依靠自己的力量迈向财富结构金字塔的中部。

这个解决方案的关键参与者不是非营利组织和政府，而是对经济发展起到了至关重要的作用、拥有商业网络的企业。哪怕只是出于扩大市场的目的，企业也应该帮助贫困人群。但是，最终还是需要非营利组织、政府和企业这三方参与者通力协作，才能完成消除极端贫困的这项工作。

三种力量和四个条件

要通过投资和促进创业来消除极端贫困，需要三种力量发挥作用。第一种力量是增加贫困人群获得信息和通信技术基础设施的机会。必须让贫困社区更多地了解信息和创收机会。互联网把印度的农村变成了一个电子农民社区，农民能够随时了解海外贸易市场的每日作物价格。他们还可以搜索其他重要信息，包括最新的耕作方法和天气预报。这使他们能够为自己的农产品争取最高的价格。[8]格莱珉电话公司在孟加拉国推广手机，增强了农民之间的互联互通，从而为社区对话提供了便利。[9]

第二种力量是供给过剩、成熟市场消费不足以及金字塔顶端和中间部分市场过度竞争等因素的混合作用。这种力量会刺激企业去寻找其他有望实现增长的市场。银行开始为以前"无法获得银行支持"的人群提供服务，向低收入社区提供小额贷款。拉丁美洲的一些金融机构就由于中高端市场的利差收窄而被迫采取了这样的策略，以获得更多元化的投资组合。[10]联合利华等跨国公司已经在农村市场站稳脚跟，寻求增长。[11]金字塔底层消费者的需求比较简单，因此为他们服务所需的成本更低。戴尔公司就在向印度市场提供低价的电脑，以抵消公司在成熟市场销量下滑的影响，并且在与多个渠道伙伴合作。[12]

第三种力量是阻止人们迁移到过度拥挤的城市地区的政府政策。城市增长会给城市基础设施带来巨大压力。而且，对农村地区的投资将提高农村人口的生活质量，有助于减缓农村人口向大城市流动。正是出于这个目的，中国曾计划在 2008 年对农村地区的投资预算增加 139 亿美元以上。[13] 这样的举措是为了避免像印度那样，经济增长主要集中在德里、孟买和加尔各答等特大城市，导致城市基础设施不堪重负。[14]

这三种力量都有助于创造一个巨大的、尚未得到充分服务的市场。消费者能够便利地获取信息，这会使企业可以更容易地推广产品和培育市场。政府会乐于支持任何一家愿意投资于农村发展的企业，并为它们提供便利。

通过观察这三种力量，我们可以得出一个可靠的结论：通过消除极端贫困来实现令人惊叹的业务增长，这是一种前所未有的善行，要让这种善行真正有效率和产生效果，可以将其投资于新兴市场或成熟市场的底层。这就是斯图尔特·哈特和克莱顿·克里斯坦森所说的"向底层速降"，即向财富结构金字塔的底层转移，那里需要颠覆性创新来应对经济增长不平衡导致的社会挑战。[15] 颠覆性创新通常会带来更便宜、更简单、更方便的产品，这些产品最初是在贫困消费者群体中风靡起来的。[16] 比如售价 5 美元的手机、售价 100 美元的笔记本电脑等，就是典型的面向贫困消费者的颠覆性创新。

但是迈克尔·朱 ⊖ 认为，颠覆性创新减少贫困，必须满足

⊖　迈克尔·朱曾担任著名金融投资机构 KKR 的私人股权专家，后来加入 ACCION 国际组织，这是一家在拉丁美洲地区推广小额信贷服务的组织。——译者注

4 个条件：[17]

　　1. 创新规模应该是巨大的，能够覆盖几十亿生活在贫困中的人。

　　2. 解决方案必须是持久的，能够持续影响几代人。

　　3. 解决方案必须真的有效果，能够带来改变。

　　4. 所有相关工作都必须有效率地开展。

　　孟加拉国的格莱珉达能食品公司是为数不多的理解这 4 个条件的公司之一。当格莱珉集团和达能集团各出资 50% 成立合资企业时，它们心中的使命非常简单：用一杯酸奶拯救世界。[18] 这家合资企业生产的一种低价乳制品，为当地社区创造了几百个畜牧业和分销的工作岗位。这次小小的成功让它尝到了甜头，开始变得雄心勃勃。为了能够有效解决贫困问题，格莱珉集团和达能集团打算将格莱珉达能食品公司的利润用于再投资，在孟加拉国全国范围内推广这一模式。[19] 这次的行动将在全国铺开，规模庞大；创造了工作机会，能够持续影响几代人；创造了更好的生活条件，显然是有效果的；带动了社区参与，运行效率较高。

社会企业的意义

　　社会企业（Social Business Enterprise，SBE）是穆罕默德·尤努斯创造的一个专业术语，用来形容企业在赚钱的同时，也能给其经营活动所在的社会带来积极影响。社会企业并不是非政府组织，也不是慈善基金会。社会企业是从创建之初就考虑到社会目的的企业，但也有可能是由一家已经成立了一段时间的企业转变而成的。决定一家企业能否被称为社会企业的基本因素是，这家企业是否以社会目标作为其主要业务目标，并将社会目标清晰地反映在它的决策之中。[20]

从财富金字塔底层起步的社会企业能够给社会带来最大的希望。印度尼西亚就是一个有趣的案例。该国自 20 世纪 90 年代经历金融危机以来就一直在推广小额信贷，保持了良好的发展态势。印尼人民银行（Bank Rakyat Indonesia）的小额信贷业务覆盖了大约 1/3 的印尼家庭。据估计，它是世界上最大的小额信贷机构，拥有超过 3000 万名储户；它也是世界第三大小额信贷提供商，拥有 300 多万名借款人。[21] 这些借款人有望成为新的社会企业家，增强印度尼西亚社会的经济基础。

有三个标准可以衡量社会企业是否成功地增强了社会经济基础。[22] 使用这些标准，你可以很容易地判断哪家公司是社会企业，哪家不是。首先，社会企业能够延伸可支配收入。其次，它能够扩展可支配收入。最后，它能够增加可支配收入。

延伸可支配收入

社会企业能够以较低的价格提供商品和服务，从而延伸可支配收入。联合利华的 Annapurna 牌平价碘盐就是一个例子。在该产品广泛销售之前，非洲 30% 的 5 岁以下儿童都因大量食用更便宜的无碘盐而患有碘缺乏综合征。[23]另一个例子是"生命之家"计划（House-for-Life）。[24]该计划于 2005 年启动，是霍尔希姆斯里兰卡公司提供的一项低成本住房解决方案。

扩展可支配收入

社会企业可以为金字塔底层人民提供他们以前无法获得的商品和服务，从而扩展可支配收入。开发弥补数字鸿沟的基本款高科技产品，就是扩展可支配收入的一个很好的例子。尼古拉斯·尼葛洛庞帝的 XO 笔记本电脑和 Nova net 笔记本电脑都是为贫困消费者群体开发的个人电脑，深受他们欢迎，是扩展可支配收入的典型例子。[25]葛兰素史克和诺和诺德等制药公司也开始采取措施，使金字塔底层的人民更容易获得基本药物。[26]

增加可支配收入

社会企业可以增加欠发达市场的社会的经济活动，从而增加可支配收入。格莱珉电话公司就是符合这一衡量标准的社会企业。孟加拉国的移动电话行业主要是由格莱珉电话公司推动的，这个行业在 2005 年为当地创造了 8.12 亿美元的总附加值，直接和间接贡献了超过 25 万个获得收入的机会。[27]另一个例子是联合利华印度公司的 Shakti 项目，该项目雇用了数千名来自弱势阶层的妇女作为销售人员，将产品带给农村消费者，并为她们提供了可观的可支配收入。[28] 这些妇女销售的产品都采用适合当地需求和收入水平的低价格、小包装形式。为了支持这些创业者，联合利华印度公司还为她们提供了在职培训，传授她们销售技能。

无论社会企业希望从以上哪个角度发挥作用，要确保成功，都要遵循一些指导原则。

- **市场教育**　社会企业必须持续教育欠发达市场，不仅要让市场了解产品能够带来的好处，还要让市场了解如何提高与社会企业业务相关的生活质量。例如，销售平价保健品的社会企业要向消费者普及健康和卫生知识，否则就无法在产品与消费者之间建立连接。

- **与当地社区和非正式领导人建立联系**　社会企业还必须与当地社区以及医生、教师、村长等非正式领导人建立联系。要在低收入细分市场中开展业务，消除文化障碍和阻力至关重要。

- **与政府和非政府组织合作**　社会企业必须与政府和非政府组织合作。将企业目标与政府使命联系起来，有助于降低市场教育和整个营销活动的成本。而且，这将提高社会企业的可信度，使它开展的活动更容易被市场接受。

为消除贫困而营销

为了取得成功，社会企业有必要重新设计所有的营销组合变量。新的设计往往会创造出卓越而精简的商业模式，对传统的商业模式构成挑战。[29] 表 8-2 总结了社会企业需要建立的营销模式。

表 8-2　社会企业的营销模式

编号	营销因素	社会企业的营销模式
1	细分市场	财富金字塔的底层
2	目标市场	消费者人数众多的社区
3	市场定位	社会企业
4	差异化	社会创业
5	营销组合	
	● 产品	低收入消费者当前无法获得的产品
	● 价格	平价
	● 促销	口碑
	● 渠道	社区分销
6	销售	由社会创业者担任销售员
7	品牌	偶像品牌
8	服务	基本款
9	流程	低成本

市场细分和目标市场

社会企业通常选定的目标细分市场都非常简单，即位于财富金字塔底层的人。但是，社会企业可以通过了解低收入消费者的态度差异，来创造性地看待这个细分市场。我们可以对"价值观和生活方式分类体系"（VALS）稍做修改，然后利用它将低

收入消费者划分为 4 种类型：[30]

1. 信徒 信徒是对传统道德价值观有强烈信仰的保守型消费者，热爱家庭和社区。他们的消费模式是可以预测的，因为他们总是选择熟悉的品牌。他们对某些品牌的忠诚度非常高。

2. 奋斗者 这类消费者的动机来自社会认可。他们追求能够让周围人刮目相看的成就。他们会选择可以炫耀的产品和模仿富人购买奢侈品。尽管他们会受到成就感的驱动，但缺乏资源阻碍了他们追求成就的脚步。

3. 制造者 制造者喜欢通过具体的活动来表达自己。他们会利用自己的实际技能建造房屋和农场。他们更喜欢实用和功能性产品，不会被情感价值打动。

4. 幸存者 由于幸存者拥有的物质资源是 4 类人群中最少的，所以他们专注于满足基本的需求，而不是各种欲望。他们是谨慎的消费者，总是在寻找便宜货。

因为社会企业针对的细分市场个人交易价值不高，所以它们的目标是消费者人数众多的社区。在为低收入消费者服务这一战略中，社区是重要的组成部分。首先，社区有助于传播信息，这对市场教育和商业交流都非常重要。其次，社区也更加容易控制。在某些情况下，收取服务费用会是一大难题，这时拥有一个社区对社会企业非常有利。社区将尽力维护自身的诚信度，并努力帮助成员履行付款义务。对大多数小额贷款来说，情况就是如此。

定位 - 差异化 - 品牌

也不是所有低成本的东西都能吸引贫困的消费者，他们也很重视值得信赖的品牌。因此，社会企业应该让自己的品牌成为社会的偶像品牌。道格拉斯·霍尔特认为，偶像代表着一种特殊的故事，消费者会用它来解决自己的焦虑和渴望。[31] 对贫困人口来说，他们的焦虑和渴望就是改善生活方式的机会。

要确定在目标市场中的定位，可以采取多种不同的方式。公司可以把自己定位为"贫困人群的英雄"，或者"授人以渔，而不是授人以鱼"。这些方式要传达的主要信息都是一样的：一家社会企业可以提供给贫困人群他们负担得起的产品和创收机会，从而帮助他们改善生活。

如果是一家跨国企业，定位应该深入到社区层面。例如，飞利浦公司在印度的定位是"农村社区的医疗保健服务提供商"。[32] 飞利浦印度分公司于 2005 年推出了远程医疗保健促进项目，旨在提高针对贫困人口的医疗保健服务的质量和可负担性。飞利浦建设了多家移动诊所，贫困社区的居民可以在那里看病，并就母婴护理和创伤治疗等问题咨询医生。

为了强化定位，社会企业应该努力把社会创业当作自己的差异化特征。与其他具有社会责任感的公司和非政府组织相比，真正的社会企业的一个典型的差异化特征，就在于它们会为处于财富金字塔底层的人提供创业机会，从而提供长期的解决方案。

例如，英国的高品集团（Co-operative Group）拥有一系列深深植根于社会企业创业精神的差异化特征。[33] 它确立了自己作为公平贸易领导者的强大地位。与其他零售商相比，高品集团会在更多的商店销售更多公平贸易产品。它还拥有致力于公平贸易的私人咖啡品牌。而且，消费者可以通过高品集团的社区分红计划直接为社区事业捐款。

营销组合和销售

一家企业的差异化特征应该反映在它的营销组合之中。社会企业的产品应该是目前低收入消费者无法获得的，而低收入消费者负担得起产品的价格。记住，对低收入消费者来说，最重要的是负担得起，而不是单纯的便宜。丹德烈亚和赫雷罗认为，在低收入市场中，价格会和总采购成本一起，影响消费者的购买行为，而不是单独发挥作用。[34] 有些低收入消费者，特别是农村地区的低收入消费者，往往要到城市去购买产品，总采购成本可能包括运输成本和其他成本，比如交通运输所需的时间成本。

企业应该让产品包装更有创意，可以采取的策略是分拆产品。消费者的可支配收入较低，这限制了他们单次的购买量，因此以他们可负担的包装形式提供产品和服务就变得非常重要。例如，企业可以销售小袋包装的产品，每个小袋中的产品只够使用一次。企业也可以将产品分拆成其他类型的小包装，让低收入消费者负担得起。这些包装形式叫作经济型包装。这种小包装产品的实际单价其实更高，但低收入消费者负担得起。

社会企业的促销会利用社区中的口碑力量。最好的办法是接触社区中的非正式领导者。非正式领导者可能是教师。女性也可以成为非常棒的产品代言人。穆罕默德·尤努斯几乎只向女性提供小额贷款，因为她们很有影响力，而且大多数人消费能力较低。她们通过彼此交谈，在社区中形成有利于品牌传播的对话。

最有效的分销方式是在社区中进行点对点分销。传统的配送方式成本太高，无法将产品配送到市场规模比较小的偏远地区。因此，在低收入地区，采用社区分销方式，把消费者当作代理人，往往是能采取的最佳解决方案。人们是与自己的社区进行交易，从而在社区内部创造一种双赢的关系。消费者可以买到自己负担得起的产品，而销售代理也可以获得收入。

由于高昂的生产和分销成本，在菲律宾销售价格低于300比索的实体手机充值卡是无利可图的。为了应对这个问题，菲律宾环球电信公司推出了空中刷新服务；消费者向代理人支付费用，就可以完成电子充值。这个例子也展示了如何利用社区网络的力量来开展销售。企业的销售团队应该来自它自己的目标市场。社区中的人最了解同一个社区中的人的购买和使用行为。

服务与流程

面向财富金字塔底层人群的业务利润率比较低，因此商业模式应该是朴实的、低成本的。为了实现这种低成本，需要采取基于社区的服务和流程。学校校长、教师等非正式领导者最适合为当地消费者社区服务。[35] 他们是社区服务的代理人，拥有监督服务水平所需的信息和能力。例如马尼拉水务公司就采用了集体计费的模式来促进消费者及时付款。西麦斯集团（Cemex）的"今日资本"计划（Patrimonio Hoy）则通过教师来推广其低成本建筑项目，吸引社区中的更多人购买它的产品。

小结：通过鼓励创业来缓解贫困问题

贫困仍然是人类面临的最紧迫的问题之一。在太多地方，收入分配呈金字塔形，而不是钻石形，处于金字塔底层的贫困人口太多了。但正如普拉哈拉德等人指出的那样，金字塔底层蕴藏着一笔财富。特别是印度，正在采取强有力的行动，把财富结构从金字塔形变成钻石形。缓解贫困问题的方法之一，是向能够高效使用资金并有较高还款可能性的贫困人口，通常是女性，提供小额贷款。另一个应用更为广泛的方法是鼓励创业者、企业和贫困人口创建社会企业。社会企业以社会目标为己任，但也希望在此过程中实现盈利。社会企业为拯救贫困人口提供了希望，它们为贫困人口提供机会，利用修改过的营销组合，使贫困人口负担得起、容易获得自己的产品和服务。

MARKETING

3.0

第 9 章

努力实现环境可持续性

　　做出改变的另一种方法是解决我们这个时代最大的全球性问题之一：环境的可持续性。许多企业还没开始认真考虑如何使它们的业务流程对环境更友好。有些企业感受到了压力，认识到在被环保主义者发现并公开发难之前，它们必须做点什么。还有一些企业则完全相反，它们认为可以积极营销与环保概念相关的产品和服务，利用这种公众关注点形成自己的优势。

环境保护的三类参与者

　　下面将介绍三个大公司的案例，它们都对环境产生了重大影响，但每个公司产生影响的方式都不同。这三个公司分别是杜邦、沃尔玛和添柏岚，从中我们可以发现公司在保护大自然的过程中可能扮演的三种角色——创新者、投资者和传播者。

创新者：杜邦公司的案例

杜邦公司是一家已经存在了两个多世纪的科学公司，它曾经是美国最糟糕的污染公司，如今一跃成为最环保的公司之一。[1]它发明了尼龙、涤纶、人工荧光树脂、凯芙拉、可丽耐、特卫强、特氟龙和其他高分子化合物材料，永远改变了人类的生活；它也发明了氯氟烃（CFC），也就是导致南极洲上空出现臭氧层空洞的罪魁祸首。但是现在，杜邦公司是美国气候行动合作组织的主要推动者之一，该合作组织已经提出立法要求，强制企业采用一些低成本的方法来减少温室气体排放。从1990年到2003年，杜邦公司的温室气体排放量已经减少了72%，它的目标是到2015年将排放量再减少15%。

除了在减少污染方面取得的成功以外，杜邦公司还将可持续性整合到了它的日常运营规范和核心商业模式之中。最令人鼓舞的是，在该公司290亿美元的收入中，有50亿美元来自可持续性产品，即采用环保原料和节能方式生产出来的产品。杜邦公司坚定地认为自己的使命不仅是解决公司内部的有害操作问题，减缓环境问题恶化，还要创造出防止地球进一步受到伤害的产品。正如杜邦公司的一位高层管理者指出的那样，"我的下属团队知道，当他们带着新的产品创意走进我的办公室时，最好确保这个创意对环境的负面影响比较小，否则就可以直接离开了，因为（如果不是这样）我不会听他们的创意方案！"

杜邦是环境创新者的典范。创新者会发明有可能拯救环境的产品，而不仅仅是环保和不伤害自然环境的产品。这些产品可以逆转已经造成的损害，并且在生产过程和使用后的处理过程中都不会对环境造成损害。创新者不仅仅会进行渐进式的创新，还会进行颠覆性创新。哈特和米尔斯坦认为渐进式的创新是绿色战略的一个标志属性，而要超越绿色环保，实现更高级的目标，就要把颠覆性创新，或者叫不连续创新，作为重要的战略组成部分。[2]

杜邦公司展现了创新者的作用，不断探索技术，创造更新、更好的产品。它不断调整自己的定位，以适应世界不断变化的需求和主题。19 世纪初，国家的力量一度由枪支和武器来定义，此时的杜邦是一家火药和炸药制造商。19 世纪末，生物战被应用于战争，拥有最优秀的科学家和科研成果的国家最强大，杜邦公司开始逐渐转型为一家生产合成材料的化学公司。一个多世纪后，全球变暖问题凸现，环保主义者呼声高涨，杜邦公司进行了第二次重大转型，成为一家生产节能产品的专注于可持续性的公司。

杜邦公司已经开发了几种可修复受损环境的产品。用一种新的方式使用它生产的特卫强，可以提高能源效率。杜邦公司的生物燃料部门正在利用玉米大量生产乙醇，力图找到一种更便宜的方法来生产更高能量的纤维素乙醇，并与英国石油公司合作开发一种叫作生物丁醇的适用于发动机的高能燃料。凯芙拉纤维以前是被用在防弹背心上的，现在杜邦公司把它用到了节能飞机上。

创新者具有科学研究能力，能够以投资者和传播者无法做到的方式为环境做出贡献。它们的创新产品会在全球范围内被长期使用，从而对环境产生重大影响。通常，开发这些产品需要数年甚至数十年的研究和大量投资。而就像所有投资和创新项目一样，这些研究和投资的结果并不确定。因此，创新者在开展重大研究项目时通常会冒很大的风险。

扮演创新者角色的企业通常来自化学、生物技术、能源、高科技等领域，因为发明和生产创新性的产品往往需要这些领域的研究能力。与杜邦公司的查德·贺利得一样，通用电气公司的杰夫·伊梅尔特也在积极推广绿色运动。他推动通用电气公司开发了大量有利于环境的创新产品，小到节能灯泡，大到能提高水净化能力的海水淡化技术。[3] 其他扮演创新者角色的公司包括开发了混合动力汽车的丰田公司、大力投资生物技术的陶氏化学公司，以及 Empress La Moderna——一家蓬勃发展的生命科学公司，专注于"绿色化学"研究，希望用生物制品替代化学品。

对创新者来说，创造可持续、环保的产品是它们存在的核心理由。这构成了它们的使命。创新者印证了沃利和怀特海德在《哈佛商业评论》上发表的文章《绿色并不容易》("It's Not Easy Being Green")中所说的那句话："绿色……是创新的催化剂。"[4]

投资者：沃尔玛的案例

世界上最大的零售商沃尔玛也发生了变化。[5]沃尔玛曾经因对社会和环境问题的漠视态度而闻名，向来在优秀企业公民榜单上无名，还因为工资低和一贯忽视环境问题而屡遭批评。罗伯特·格林沃尔德曾创作了一部名为《沃尔玛：低价商品的高代价》(*Wal-Mart: The High Cost of Low Price*)的电影。影片中的一个片段重点展示了一位资深活动家的评论，她说她从未见过像沃尔玛这样愚昧无知的公司。即使它在因破坏环境被罚款数百万美元之后，仍然不知悔改。

麦肯锡公司的一项调查显示，大约有8%的消费者因对沃尔玛持负面看法而不再定期光顾沃尔玛的商店。为了摆脱密集的负面舆论，并最终解决环境问题，沃尔玛在2005年宣布，它将成为优秀的环境管理者。沃尔玛公司前首席执行官斯科特·李在其"21世纪的领导力"的演讲中宣布，沃尔玛将斥资数亿美元重新打造商业模式，建立高能效的业务流程，实现良好的废物管理。他预计，建立这种新的商业模式，获得的效率收益将足以弥补升高的成本。

　　为了实现这一目标，沃尔玛建立了绿色超级中心，并在门店推出了绿色标签产品。由于沃尔玛原本就具有庞大的规模，它在仅仅不到一年的时间里就成为世界上最大的有机牛奶和环保鱼制品零售商。沃尔玛还利用其强大的议价地位，迫使供应商寻找更高效的包装和工艺流程。

　　许多人对沃尔玛雄心勃勃的计划感到兴奋，因为它是世界上最大的公司之一，它的一次小转型就可能意味着一次大变革。这些变化也改善了沃尔玛的公共关系，批评者现在对沃尔玛履行社会责任的举措有了更积极的评价。然而，许多批评者仍然认为，沃尔玛的经典标语"永远低价"显示出其商业模式只关心成本。沃尔玛现在的宣传口号变成了"为消费者省钱，让他们生活得更好"。但许多人认为，沃尔玛拯救环境的举措主要是为了公司的经济目标——节约能源、节省成本，并通过扩大消费者对绿色产品的需求来增加收入。

　　根据定义，投资者是指"通过购买或支出，将（资金）用于提供利息、收入或价值增值等潜在盈利回报的东西"的人。[6]尽管这种描述可能有某种负面的暗示，特别是用在回馈大自然、停止向大自然索取的语境之下，但我们并不是想说投资者对环境的贡献比创新者少。

　　投资者是那些为其他企业或自己企业的（通常由创新者开展）研究项目提供资金的企业和个人。例如，沃尔玛在 2005 年投资了 5 亿美元，这样它的门店才能够使用更少的能源，它旗下的卡车才能排放更少的有毒气体。[7] 作为投资者，沃尔玛会在投资前计算成本、收益和风险。其他扮演投资者角色的企业还包括高盛和惠普。有些制造商也开始投入资金来减少工厂的气体排放，减少店铺和电脑的能源使用等。

投资者不会像创新者那样冒着巨大风险推进环境保护措施，因为绿色业务不是它们的核心使命。然而，投资者也有让世界变得更绿色、可持续发展的愿景。除了寻求财务回报外，投资者也希望通过在环保领域的投资获得其他方面的回报——改善形象、增加品牌价值、避免来自环保组织的更大压力、销售绿色产品以满足市场需求，等等。虽然投资者并不直接参与产品创新，但它们会提供资金支持环保项目，从而为环保事业做出重大贡献。

传播者：添柏岚的案例

与沃尔玛相反，添柏岚是受所有利益相关者尊重的企业之一。它是为重视户外活动的消费者设计、生产和营销优质鞋类、服装和配饰的全球领导者，笃信"为善者诸事顺"。它不仅是一家对环境友好的企业，还在世界各地的社区中推广环境保护意识。尤其令它美名远扬的是，即使在业务衰退期间，它也始终如一地坚持举行对环境友好的活动。

在生产和推广鞋子的过程中，添柏岚严格遵循绿色的商业模式。它会采用高能效的制造流程，并在这些流程中广泛使用可回收和非化学材料。受食品标签上标注营养成分这一做法的启发，它也给每双鞋贴上了"营养标签"。这些标签会告诉消费者"关于他们购买的产品的详细信息，包括产品的制造地点、生产方式以及对环境的影响"。[8]

添柏岚公司非常注重回馈其经营所在的社区。它开展了"服务之路""服务公休日""地球日"和"服务盛会"等项目，旨在帮助弱势社区以及推广其标志性的价值观，包括保护环境这一价值观。在"服务之路"这个项目中，添柏岚的员工在全球贡献了超过50万小时的志愿服务。该项目帮助了几十个城市的数百个社区组织。添柏岚的许多社会活动都涉及环境保护。例如，在"地球日"期间，添柏岚会为每位购买其产品超过150美元的消费者种一棵树。[9]它还开展了其他内部活动来鼓励环境保护，比如激励员工购买混合动力汽车。

扮演传播者角色的企业通常规模都比较小，也不属于化学、生物技术、能源、高科技等领域。它们的核心差异化特征通常是绿色的商业模式，这种商业模式会把企业的内部价值观转化为外部竞争优势。提高用户群体、员工和公众对于环境保护重要性的认识，是传播者的使命而非业务。传播者有助于形成群聚效应，培养起一个支持体系，这个体系会购买创新者销售的产品，支持和欣赏投资者做出的积极贡献。最重要的是，传播者会努力向员工和消费者传播保护地球的价值观，从而培养出一批环保代言人。

培养环保代言人的常见策略是增强社区的环保意识。添柏岚最能体现传播者的作用。该公司一直在努力提供环保信息，激励和参与环保活动。这在它的公司网站上有明确的反映。

另一种策略是通过产品引起人们对环境的关注。比如添柏岚会给每双鞋子都贴上"营养标签"。这个创新性的标签会展示出人们购买鞋子时所产生的所有社会和环境影响。食品的营养成分表能够反映出食品对消费者个人健康状况的影响，而添柏岚的"营养标签"则描述了产品对地球健康状况的影响。该公司的所有志愿项目也可以通过"营养标签"这个新的媒介展示给消费者。[10]

扮演传播者角色的著名企业还有巴塔哥尼亚公司、全食连锁超市、菲泽酒庄和赫曼·米勒等。这些企业都有效地创造了对环境更加友好的商业实践，并因此而闻名。

创新者、投资者和传播者的合作

由于创新者、投资者和传播者具有不同的动机，它们在拯救环境的过程中各自发挥着不同的作用。就像《从绿到金》这本书中描述的那样，公司采取更环保的立场，可能是出于以下动机。[11]

1. 对自然资源的依赖
2. 受当前存在的规则制约

3. 未来受到规则制约的可能性增大

4. 人才市场竞争激烈

5. 在竞争激烈的市场中支配力较弱

6. 保持良好的环境保护记录

7. 提高品牌曝光率

8. 实现巨大的环境影响

其中第 1 至第 3 条是创新者的主要动机，第 4 至第 6 条是传播者的主要动机，而第 7 至第 8 条是投资者的主要动机（见图 9-1）。

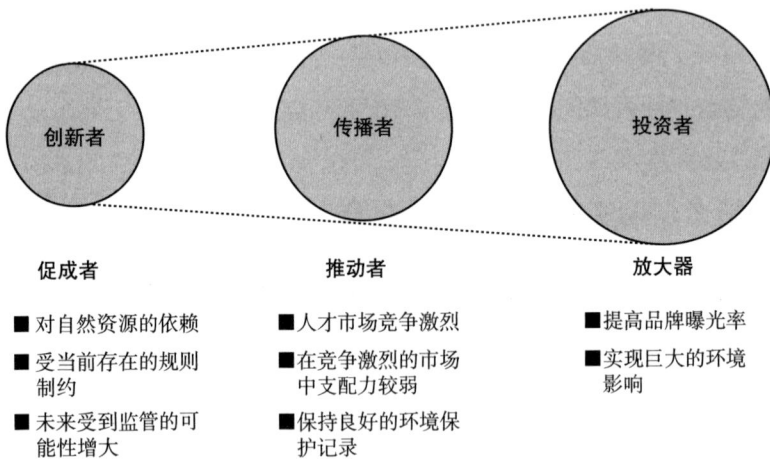

图 9-1   不同角色的动机

投资者和传播者都会通过自己的业务流程来促进环保事业，而创新者会生产对环境友好的产品。传播者主要在利基市场发挥作用,而投资者会在更大众化的市场发挥作用。为了扩大环保活动的影响,市场中这三种类型的企业都要有。绿色产品这波潮流最初可能是由传播者推动的,它们会通过对环境的关注构建自己的竞争优势。这种潮流会引发支持环保事业的公众舆论。然而,全食连锁超市这样的传播者需要比较长的时间才能使绿色产品成为主流。如果没有沃尔玛这样的投资者的巨大影响力,绿色产品仍将局限于利基市场。传播者还需要创新者为它们提供创新的绿色产品(见图 9-2)。

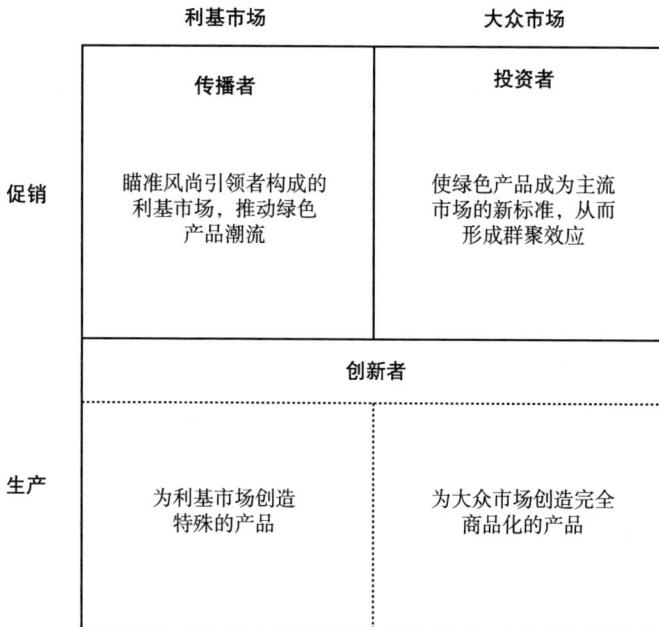

	利基市场	大众市场
促销	**传播者** 瞄准风尚引领者构成的利基市场,推动绿色产品潮流	**投资者** 使绿色产品成为主流市场的新标准,从而形成群聚效应
生产	**创新者** 为利基市场创造特殊的产品	为大众市场创造完全商品化的产品

图 9-2 不同角色的合作

为开展绿色营销确定目标群体

我们必须意识到，开展绿色营销时所面对的市场绝不是同质的。我们可以把绿色产品和服务的市场进一步划分为四个细分市场：风尚引领者、价值追求者、标准匹配者和谨慎购买者。风尚引领者构成了早期市场，价值追求者和标准匹配者构成了主流市场，而谨慎购买者往往会落后市场一步。每个细分市场对产品能带来的好处持不同的观点，因此针对每个细分市场的营销方式也应该有所区别。至于谨慎购买者，最好不要针对他们开展营销活动（见表9-1）。

风尚引领者是绿色产品引入阶段最重要的细分市场。他们不仅会成为第一批使用产品的客户，还会成为市场上的重要影响者。可以让他们作为推广者向朋友和家人推荐和宣传产品。

根据价值观和生活方式分类体系，[12] 风尚引领者可以被归到创新者这个细分市场。他们是变革的领导者，最容易接受新的想法和技术。他们是非常活跃的消费者，购买行为可以反映出他们对高档、小众产品和服务的精致品位。然而，如果绿色产品始终停留在环境热衷者这个利基市场，就无法进入增长阶段。只要绿色产品是富裕人群的专属特权，它们能带来的利益就是有限的。为了产生更大的影响，它们需要被市场广泛接受。正是出于这个原因，大企业都在引导它们的主流品牌朝绿色方向发展。比如汰渍公司推出的冷水洗衣粉，它的配方最适合在冷水中洗衣服。[13]

表 9-1　绿色营销的四个细分市场

细分市场	客户细分			
	风尚引领者	价值追求者	标准匹配者	谨慎购买者
细分市场画像	—有远见的环境热衷者 —出于情感上或精神上的动机使用绿色产品 —希望通过绿色创新获得竞争优势	—环境实用主义者 —出于理性的动机使用绿色产品 —利用绿色产品提高效率、节约成本	—环境保守主义者 —等待和观望市场何时开始使用绿色产品 —使用已经成为行业标准的绿色产品	—环境怀疑主义者 —不相信绿色产品
针对细分市场的定位	生态优势 开发创新性的产品以获得竞争优势	生态效率 对环境影响更小，创造的价值更高	生态标准 生产能让大众使用、获得他们认可的产品	不值得针对他们开展营销活动

　　与更注重情感和精神的风尚引领者相比，主流市场在购买绿色产品时更加理性。价值追求者这个细分市场只会购买具有成本效益的绿色产品，他们不会因为一款产品是绿色的，就愿意支付更高的价格。因此，在瞄准这一细分市场时，绿色产品必须是他们负担得起的。营销人员还应该让消费者知道，使用绿色产品可以节省成本。

　　在价值观和生活方式分类体系中被归类为"思想家"的人是关键的目标市场。他们乐于思考新想法，很容易受到影响而放弃糟糕的决定，转而做出更负责任的决定。因此，营销人员应该设计一些程序，让他们有选择的空间，但同时引导他们远离不好的选择。[14] 在常规产品之外，向价值追求者宣传更环保的产品选择，可以引导他们做出更好的选择。

　　然而，价值追求者是保守、务实的消费者，他们希望购买的产品具有耐用性、实用性和价值。为了吸引这一细分市场，绿色营销人员需要强调他们的产品将如何在对环境造成更少负面影响的同时提供更多的价值。因此，营销传播应该围绕生态效率的概念展开。

　　价值追求者是务实的，而标准匹配者更为保守。他们不会购买尚未成为行业标准的产品。他们购买一款产品最重要的原因就是它很流行。为了吸引这一细分市场，绿色产品必须实现群聚效应，被视为行业标准。这就需要有一个催化剂。例如，环保建筑的兴起在很大程度上是由绿色建筑标准的发展推动的。

英国政府率先推出了绿色建筑标准，美国政府紧跟其后。随后，
澳大利亚和印度等越来越多的国家也制定了自己的绿色建筑标
准。这些趋势将绿色建筑推向了主流市场。[15]

　　谨慎购买者构成了第四个细分市场，他们是那些对绿色产
品持怀疑态度的消费者。尽管绿色产业已经成为一种公认的概
念，这类消费者仍然会避免购买绿色产品。获取这类消费者和
转化他们的成本太高，不值得针对他们开展营销活动。

　　引导产品跨越整个生命周期，意味着带领产品穿过影响链
中的每个细分市场（见图 9-3）。在引入阶段，营销人员需要把
绿色作为差异化的关键来源。但是，需要利用口碑营销来制造
雪球效应，才能使产品进入增长阶段。杰弗里·摩尔在《跨越
鸿沟》一书中指出，市场中有一个鸿沟，将早期市场和主流市
场分离开。[16]绿色产品必须跨越这道鸿沟才能流行起来。一旦产
品达到成熟阶段，竞争就会加剧，营销人员需要为它找到绿色
之外的差异化因素（见图 9-4）。

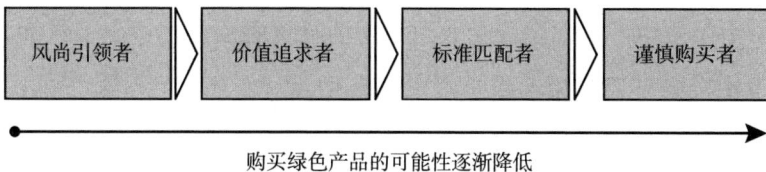

| 风尚引领者 | 价值追求者 | 标准匹配者 | 谨慎购买者 |

购买绿色产品的可能性逐渐降低

图 9-3　市场细分的影响链

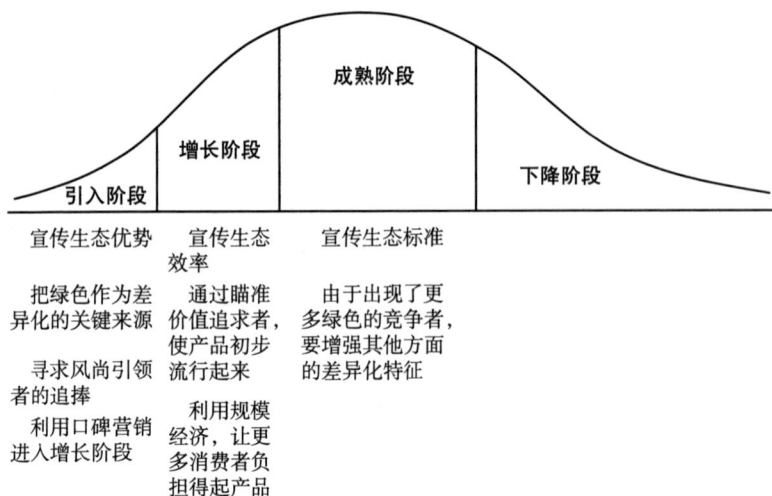

图 9-4 创造绿色意识和购买行为的生命周期

小结：为实现可持续性开展绿色创新

在本章中，我们强调了受价值观驱动的企业做出绿色承诺的重要性。这样做的好处包括降低成本、提高声誉和增强员工的动力。杜邦公司等企业通过扮演创新者的角色，为绿色运动做出了贡献。沃尔玛等企业通过扮演投资者的角色做出了贡献。添柏岚则是通过扮演传播者的角色做出了贡献。在分析了这些不同角色的特征后，我们认为，让这三种角色在同一个市场中运营、协作，将更有利于绿色市场的发展。最后，企业需要区分绿色市场中的四个细分市场——风尚引领者、价值追求者、标准匹配者和谨慎购买者，并注意他们购买绿色产品的不同行为和意愿。促进环境可持续性的企业都是在践行营销 3.0 战略。

MARKETING
3.0

第 10 章

把所有因素整合在一起

营销 3.0 的 10 个信条

营销和价值观之间的关系经历了三个发展阶段。在第一个阶段，营销和价值观的关系是两极对立的。许多商界人士认为，开展营销并不要求你秉持一系列崇高的价值观。如果你奉行崇高的价值观，只会带来额外的成本和限制。在之后出现的第二个阶段，营销和价值观的关系可以被称为平衡。处于这个阶段的企业会以常规的方式开展营销，将部分利润捐献给社会事业。而在第三个阶段，营销和价值观的关系变成了整合。这也是最终阶段。企业希望践行一系列价值观，而这些价值观赋予了企业个性和意志。营销和价值观之间的任何割裂都是不可接受的。

当我们更深入地审视营销的根本，并更全面地理解它后，就会发现 10 个将营销和价值观整合在一起的无可争议的信条。我们会提及一些在营销中践行了某一信条的企业。有些企业践行这些信条的方式是为联合国千年发展目标做出贡献。联合国千年发展目标是全世界 189 位领导人在 2000 年 9 月联合国千年首脑会议上商定的八个有时限和可衡量的目标和指标。[1]

联合国千年发展目标如下。

1. 消灭极端贫穷和饥饿。
2. 实现普及初等教育。
3. 促进两性平等并赋予妇女权力。
4. 降低儿童死亡率。
5. 改善产妇保健。
6. 与艾滋病、疟疾和其他疾病做斗争。
7. 确保环境的可持续能力。
8. 制订促进发展的全球伙伴关系。

千年发展目标最初是一项政府间倡议。但是很多企业也看到了这些目标对商业发展的指导意义。联合利华、宝洁、霍尔希姆、飞利浦、沃达丰、庄臣公司、英国石油公司、康菲石油公司和荷兰合作银行等大企业纷纷将这些目标纳入它们在发展中国家的业务目标，并因此获益。这些企业展示了它们如何给世界带来改变，以及这些改变又如何为它们带来了货币和非货币收益。本章中的一些案例摘自《商业促进发展：支持联合国千年发展目标的商业解决方案》(*Business for Development: Business Solutions in Support of the Millennium Development Goals*)，以展示营销3.0与实现联合国千年发展目标之间的联系。[2]

信条 1：爱你的客户，尊重你的竞争对手

在商业领域，爱你的客户意味着为他们提供巨大的价值并触动他们的情感和心灵，从而赢得他们的忠诚。请记住唐纳德·卡尔恩的话："情感和理性的本质区别在于，情感带来行动，而理性导出结论。"[3]购买决策和对品牌的忠诚在很大程度上是受情感影响的。

例如，金宝汤公司在"乳腺癌防治月"期间将包装的颜色改为粉红色，从而显著增加了产品需求。[4]汤料的消费者通常是女性，而乳腺癌是一个会触动许多女性情感的主题，因此这样的改变增加了女性消费者的购买行为。这个例子表明，强调情感而非理性确实能够带来回报。

此外，你必须尊重自己的竞争对手。是竞争对手扩大了整个市场，如果没有竞争对手，行业的增长会慢得多。通过观察和分析竞争对手，你能够了解自己和竞争对手各自的优缺点，

知己知彼对企业来说非常重要。

　　企业要通过引入竞争来扩大市场规模，可以采取的策略是进行纵向或横向的技术转移。联合利华在越南就是这样做的。[5] 联合利华会为所有当地的供应商提供最佳实践培训。在培训期间，供应商能够了解到质量标准和达到这一标准所需的技术。不仅如此，联合利华还会为供应商提供财务支持。通过这些措施，联合利华能够保证以较低的成本从当地供应商那里得到供货，供货质量也有保障。值得注意的是，供应商也可能为联合利华的竞争对手提供服务。而有趣的是，联合利华允许它们这样做，因为它认为这有助于整个市场的发展。

　　横向技术转移更难理解一些。没有多少企业愿意把自己的技术直接转让给竞争对手。但当一家企业觉得自己无法独自做大市场时，就有可能这样做。[6] 它这样做的原因是希望有其他企业来分担风险，需要盟友来实现规模经济。一个典型的例子是七家制药公司之间的合作。这七家公司分别是勃林格殷格翰、百时美施贵宝、葛兰素史克、默克、罗氏、雅培和吉利德。它们为了实现联合国千年发展目标，共同降低了在发展中国家治疗艾滋病的费用。[7]

　　另一个例子是，在英国运营的多家电信公司，包括摩托罗拉、Carphone Warehouse、O2、Orange、沃达丰、T-Mobile、Tesco、维珍移动（Virgin Mobile）和 Fresh，与 U2 乐队主唱 Bono 和（PRODUCT）RED 联合创始人波比·施赖弗（Bobby

Shriver）合作，推出了新的 RED 智能手机，旨在帮助非洲抗击艾滋病。这款新产品的发布为非洲的艾滋病治疗和预防筹集到了数千万英镑。[8]

要用爱对待你的客户，用尊重对待你的竞争对手。

信条 2：对变化保持敏感，做好转变的准备

商业环境在不断变化。竞争对手会越来越多，也会变得越来越聪明。客户也是如此。如果你对此不敏感，没有预见到这些变化，你的公司就会跟不上时代发展，甚至最终倒闭。

在普锐斯问世之前，丰田公司从未被视为依靠突破性产品的颠覆性创新者。[9] 相反，该公司为人熟知的，是它的持续性创新，以及缓慢但坚定的决策过程。然而，丰田看到了市场的趋势，也意识到它必须迅速推出混合动力汽车，否则就会落后于时代。因此，在推出普锐斯的过程中，它打破了许多严格的日式管理制度，雷厉风行地进行产品开发。

即使是零售巨头沃尔玛也无法避免转变。[10] 这家全球最大的零售商因在雇用、环境和供应链等方面的做法而饱受批评和攻击。但是该公司现在已经转型为一个"绿色巨人"。沃尔玛终于意识到，随着消费者行为的改变，曾经使它在竞争中获胜的低价策略在未来可能行不通了。

要审时度势，与时俱进。

信条 3：维护你的名誉，明白自己是谁

在市场营销中，品牌声誉就是一切。如果两种产品质量相同，人们会倾向于购买品牌声誉更好的产品。企业必须向目标市场清晰地展示品牌的定位和差异化。

美体小铺是世界领先的受价值观驱动的企业之一。这家英国公司非常注重社区贸易，会从当地和世界其他地区的贫困社区购买天然的原料，这种做法可能是最佳采购策略，同时能帮助这些社区脱离贫困。

美体小铺另一项著名的商业实践是承诺反对动物试验。早在欧盟实施相关规定之前，这家思维超前的公司就禁止在动物身上进行产品测试。当然，这种非同寻常的做法既没有效率，也不符合商业常识。但是，这些措施创造了一个崇尚天然产品的利基市场，使美体小铺成为英国最成功的零售商之一。

因此，全球最大的化妆品公司欧莱雅以高达 34.2% 的溢价收购了美体小铺，成为现象级的收购案例。美体小铺面临的挑战是对外维护自己的名誉，同时对内影响欧莱雅公司——一家因在动物身上测试某些成分而受到批评的公司——以强化其商业价值观。

明确你的价值观，不要放弃它们。

信条 4: 客户形形色色,
首先推销给那些能从你身上受益最多的客户

这就是市场细分的原则。你不需要面向每个人做广告,而是要面向那些最愿意购买并能从购买和双方的关系中获得最大收益的人开展营销。

大多数产品市场都分为四个不同的层级。[11]

1. 全球化细分市场,渴望全球性产品和特色,并愿意为它们支付更高的价格。

2. "全球本地化"细分市场,要求产品具有全球化的质量,但同时具有本地特色,且价格略低。

3. 本地细分市场,要求价格本地化,以及提供具有本地特色的本地产品。

4. 处于金字塔底层的细分市场,只负担得起能接触到的最便宜的产品。

发展中国家的本地企业如果想挑战跨国竞争对手,处于金字塔底层的细分市场是最合适的战场,同时它也是适合实施营销 3.0 战略的细分市场。

霍尔希姆公司正致力于满足斯里兰卡贫困人口对经济适用房的需求。该公司与一家小额信贷公司合作建造了铺面房:这些房子的设计既适合居住，也可以用来做些小生意。霍尔希姆认为这些低收入消费者有很大的市场潜力，因为他们正在不断提高自己在财富金字塔中的层级。此外，这个项目也为贫困人口提供了更好的住房和获得收入的机会，从而改变了社区环境。因此，它有助于实现联合国千年发展目标中第 1、第 2、第 3、第 7 和第 8 个目标。[12]

要重点关注那些能从你这里获得最大收益的人。

信条 5：始终以公平的价格提供优质的产品

不要以高价出售任何质量差的东西。真正的营销是公平的营销，价格和产品质量必须匹配。一旦你试图欺骗别人，用劣质产品滥竽充数，客户就会抛弃你。

联合利华试图降低碘盐的价格，使它能够取代在加纳大量使用的非碘盐。为了改善当地社区的健康状况，联合利华充分利用了自己作为全球化公司的优势。它凭借在消费品营销方面的经验，通过改换为小包装，使当地消费者负担得起碘盐。联合利华之所以能够做到这一点，是因为它具备在供应链中降低分销成本的经验。开展这个项目，是为实现联合国千年发展目标中的第 1、第 2 和第 5 个目标做出贡献。[13]

另一个例子是宝洁公司为提供安全的饮用水做出的努力。

与联合利华一样，宝洁公司也拥有小包装营销方面的专业知识。凭借其专有的水处理技术，宝洁公司为世界各地提供安全的水。有趣的是，水处理产品采用了小包装，从而确保消费者买得起。当地人可以把小包装里装着的水处理产品倒出来，用它把 10 升水处理到可以饮用的程度。通过这一努力，宝洁公司为全世界实现联合国千年发展目标中的第 5、第 6 和第 10 个目标做出了贡献。[14]

要制定能够反映产品质量的公平价格。

信条 6：让客户随时能找到你，传播好消息

不要让寻找你的客户找不到你。在当今全球知识经济时代，使用信息技术和互联网至关重要。但是世界上仍然有一些人没有机会使用数字技术和互联网，他们与其他人之间的社会文化差异——巨大的数字鸿沟，仍然是世界各地都面临的一个挑战。能够跨越这个鸿沟的企业，客户群也会壮大。

自 2005 年以来，惠普就一直与各领域的伙伴合作，努力将信息技术带到发展中国家，从而弥合数字鸿沟。[15] 为了追求业务规模增长，该公司将低收入社区作为未来的目标市场。在培育市场的过程中，它逐步弥合了数字鸿沟，为贫困人口提供了获得技术的机会。对那些在成熟市场中苦苦寻求增长的企业来说，

这些消费者无疑是它们未来的希望。

　　帮助你的潜在客户找到你。

信条 7：获得客户，留住客户，帮助客户增长

　　一旦有了客户，就要和他们保持良好的关系。要亲自了解你的每一位客户，这样你就可以全面了解他们的需求、偏好和行为。然后要帮助他们实现业务增长。这都是客户关系管理的基本原则。客户关系管理就是要吸引合适的客户，他们会因为理性和情感层面得到充分的满足而不断从你这里购买产品。他们也能通过口口相传，形成口碑营销，成为你最强大的支持者。

　　PetSmart 宠物服务公司拥有的 PetSmart 慈善机构通过其店内领养中心拯救了数百万个无家可归的动物的生命。[16] 这也为 PetSmart 公司的门店吸引了众多来访者，增加了 PetSmart 公司的产品销售量。在帮助动物的同时，该公司也吸引了新客户，并在销售终端进行交叉销售。PetSmart 公司表现出了对宠物的关心，消费者因而深受感动，并成为它的忠实客户。

　　要把你的客户视为终身客户。

信条 8：无论你在哪个行业，都是服务业

提供服务不仅仅是酒店或餐馆的事。无论你从事何种业务，都必须有一种乐于为客户服务的精神。服务提供商必须有提供服务的使命感，绝不能把服务视为一种被迫履行的义务。要一片赤诚、感同身受地为客户服务，这样的体验一定会给他们留下积极的回忆。公司应该明白，企业价值观是通过产品和服务来体现的，应该对人们的生活产生积极的影响。

全食连锁超市就认为自己的业务是为消费者和社会服务。正是出于这个原因，该公司才试图引导消费者选择更健康的生活方式。此外，它还让员工对公司的战略方向进行投票，以此来实践为员工服务的理念。

每个行业都是服务业，因为每种产品都提供服务。

信条 9：不断从质量、成本和交付等方面完善业务流程

营销人员的任务是不断改善业务流程中的质量、成本和交货期（QCD）。要始终履行你对客户、供应商和渠道合作伙伴的所有承诺。切勿在质量、数量、交付时间或价格等方面做出欺骗或不诚实的行为。

庄臣公司以采用本地供应商而闻名。它会与当地农民合作，提高生产力和交付能力。例如，为了维持除虫菊的可持续供应，

该公司与肯尼亚当地的农民展开了合作。它还与非营利社会企业 KickStart 和肯尼亚除虫菊委员会合作,帮助农民进行灌溉。农民利用新的灌溉泵实现了更高的生产率,因此可以更好地为庄臣公司提供除虫菊这种原料。而且,农民也能由此获得额外的收入,因为有了水泵,他们就可以种植其他作物。在改善公司供应链的同时,庄臣公司直接和间接地为实现联合国千年发展目标中的第 1、第 2 和第 6 个目标做出了贡献。[17]

每一天,都要以各种方式改进你的业务流程。

信条 10:收集相关信息,但做出最终决策的时候要运用智慧

这条原则提醒我们不断学习,学习,再学习。你积累的知识和经验将决定你做出的最终决策。有了成熟的精神和清晰的头脑,营销者才能依靠他们与生俱来的智慧迅速做出决策。

安德鲁·萨维茨和卡尔·韦伯在《人才、变革和三重底线》(*The Triple Bottom Line*)一书中讲述了一个关于好时食品公司的有趣故事。[18]2001 年,好时信托基金的董事会成员考虑出售该基金在好时食品公司中的股份,因为市场中出现了一个强大的竞争对手,而且可可的价格未来很可能大幅上涨。从财务角度来看,这些变化会降低这个董事会持有的好时信托基金的

价值。为了坚持追求股东价值最大化的投资原则，信托基金的董事会把基金持有的全部好时食品公司股份出售给了箭牌公司（Wrigley）。

令董事会惊讶的是，一群愤怒的员工强烈反对这次出售。他们举行集会，聚集在巧克力镇广场抗议这个出售决策。董事会终于意识到自己的决定是错误的。从财务角度来看，这一决策是合理的。但是董事会不够明智，它没有考虑到这一决策的社会影响，尤其是对员工的影响。

明智的管理者考虑的不仅仅是决策的财务影响。

营销 3.0：是时候做出改变了！

一家企业有可能既坚持以人为本，又保持盈利吗？这本书对这个问题给出了肯定的答案。企业的行为和价值观越来越处于公众的检视之下。社交网络的发展使人们能够更容易地评价现有的企业、产品和品牌，不仅评价它们的功能表现，也评价它们的社会表现。新一代消费者更加关注社会议题。企业必须重塑自我，尽快从营销 1.0 和营销 2.0 的安全区迈进营销 3.0 的新世界。

MARKETING
3.0
赞 誉

近年来，大众对营销的认可度已经大不如前。这本颇具启发性的书告诉我们，营销如何在组织内外重新获得信任和影响力。

——利奥纳多·L.贝利，德州农机大学杰出营销学教授，
《向世界最好的医院学管理》合著者

菲利普·科特勒及时洞察到变革时代已经来临，再次引领了营销战略的新潮流。《营销革命 3.0》给出了令人信服的论证，证明为什么将人类精神与消费者参与相结合，会给企业带来竞争优势。

——丹尼斯·邓拉普，
美国市场营销协会首席执行官

　　《营销革命 3.0》对所有高级管理人员都有重要意义。它指明了如何成为价值观驱动、以人为本的企业。本书开创性地提出了将营销和价值观整合在一起的"10 个信条"，突出了实践这些信条的企业的个性和意志。

——史蒂芬·格雷瑟，

哈佛商学院

理查德·P. 查普曼工商管理学名誉教授

　　长期以来，营销人员认为营销活动的目标是客户满意。《营销革命 3.0》给出了强有力的论证，证明客户和社会福利是公司下一个战略重点。消费者对自己的要求越来越高，聪明的企业也应该如此。

——尼尔马利亚·库马尔，

伦敦商学院市场营销学教授兼

阿迪亚波拉印度中心联合主任

MARKETING
3.0
参考文献

第 1 章

1. "新浪潮技术"（new wave technology）一词的灵感来自"第五波计算"
   （fifth-wave computing），见 Michael V. Copeland and Om Malik "How to
   Ride the Fifth Wave," *Business 2.0*, July 2005。

2. Stephen Baker and Heather Green, "Social Media Will Change Your
   Business," *BusinessWeek*, February 20, 2008.

3. Rick Murray, *A Corporate Guide to the Global Blogosphere: The New
   Model of Peer-to-Peer Communications*, Edelman, 2007.

4. Steven Johnson, "How Twitter Will Change the Way We Live," *Time*, June
   15, 2009.

5. Stephen Baker, "What's A Friend Worth?" *BusinessWeek*, June 1, 2009.

6. From the website <wikipedia.org>, accessed in June 2009.

7. "Mass collaboration could change way companies operate," *USA Today*,
   December 26, 2006.

8. Henry Chesbrough, *Open Business Models: How to Thrive in the New
   Innovation Landscape* (Harvard Business School Press, 2006).

9. Don Tapscott and Anthony D. Williams, *Wikinomics: How Mass Collaboration Changes Everything* (New York: Portfolio, 2006).

10. Alex Wipperfürth, *Brand Hijack: Marketing without Marketing* (New York: Portfolio, 2005).

11. *Consumer-made*, www.trendwatching.com/trends/consumer-made.html.

12. Ori Brafman and Rod A. Beckstrom, *The Starfish and the Spider: The Unstoppable Power of Leaderless Organizations* (New York: Portfolio, 2006).

13. Larry Huston and Nabil Sakkab, "Connect and Develop: Inside Procter & Gamble's New Model for Innovation," *Harvard Business Review*, March 2006.

14. C.K. Prahalad and Venkat Ramaswamy, *The Future of Competition: Co-creating Unique Value with Consumers* (Boston: Harvard Business School Press, 2004).

15. Thomas L. Friedman, *The World is Flat: A Brief History of the Globalized World in the 21st Century* (London: Penguin Group, 2005).

16. Robert J. Samuelson, "The World Is Still Round," *Newsweek*, July 25, 2005.

17. Benjamin Barber, *Jihad vs. McWorld: How Globalism and Tribalism Are Reshaping the World* (New York: Ballantine Books, 1996).

18. Thomas Friedman, *The Lexus and the Olive Tree: Understanding Globalization* (New York: Anchor Books, 2000).

19. Charles Handy, *The Age of Paradox* (Boston: Harvard Business School Press, 1994).

20. Douglas B. Holt, *How Brands Become Icons: The Principles of Cultural Branding* (Boston: Harvard Business School Press, 2004).

21. Marc Gobé, *Citizen Brand: 10 Commandments for Transforming Brand Culture in a Consumer Democracy* (New York: Allworth Press, 2002).

22. Paul A. Laudicina, *World Out of Balance: Navigating Global Risks to Seize Competitive Advantage* (New York: McGraw-Hill, 2005).

23. "The American Marketing Association Releases New Definition for Marketing," Press Release, American Marketing Association, January 14, 2008.

24. Daniel H. Pink, *A Whole New Mind: Moving from the Information Age to the Conceptual Age* (New York: Riverhead Books, 2005).

25. Richard Florida, *The Rise of Creative Class: And How It's Transforming Work, Leisure, Community and Everyday Life* (New York: Basic Books, 2002).

26. Richard Florida, *The Flight of the Creative Class: The New Global Competition for Talent* (New York: HarperBusiness, 2005).

27. Stuart L. Hart and Clayton M. Christensen, "The Great Leap: Driving Innovation from the Base of the Pyramid," *MIT Sloan Management Review*, October 15, 2002.

28. Danah Zohar, *The Quantum Self: Human Nature and Consciousness Defined by the New Physics* (New York: Quill, 1990).

29. Danah Zohar and Ian Marshall, *Spiritual Capital: Wealth We Can Live By* (San Francisco: Berrett-Koehler Publishers, 2004).

30. 对精神性的这个定义引自 Charles Handy, *The Hungry Spirit: Beyond Capitalism, A Quest for Purpose in the Modern World* (New York: Broadway Books, 1998)。

31. Julia Cameron, *The Artist's Way: A Spiritual Path to Higher Creativity* (New York: Tarcher, 1992).

32. Gary Zukav, *The Heart of Soul: Emotional Awareness* (New York: Free Press, 2002).

33. Robert William Fogel, *The Fourth Awakening and the Future of Egalitarianism* (Chicago: University of Chicago Press, 2000).

34. Melinda Davis, *The New Culture of Desire: Five Radical New Strategies that Will Change Your Business and Your Life* (New York: Free Press, 2002).

35. Richard Barrett, *Liberating the Corporate Soul: Building a Visionary Organization* (Butterworth-Heinemann, 1998).

第 2 章

1. 1953 年，尼尔·博登在美国市场营销协会的主席致辞中提出了"营销组合"这个术语。4P 理论是后来由杰罗姆·麦卡锡在他的著作《Basic Marketing: A Managerial Approach (1st edition)》中提出来的。
2. 公众意见和政治权力这两项是科特勒在 1984 年补充进来的，人、过程和有形展示这几项是布姆斯和比特纳在 1981 年补充进来的。
3. Eric Beinhocker, Ian Davis, and Lenny Mendonca, "The Ten Trends You Have to Watch," *Harvard Business Review*, July–August 2009.
4. "Personal Recommendations and Consumer Opinions Posted Online Are the Most Trusted Forms of Advertising Globally," press release (New York: The Nielsen Company, July 7, 2009).
5. Art Kleiner, *Who Really Matters: The Core Group Theory of Power, Privilege, and Success* (New York: The Doubleday Broadway Publishing Group, 2003).
6. C.K. Prahalad and M.S. Krishnan, *The New Age of Innovation: Driving Co-created Value through Global Networks* (New York: McGraw-Hill, 2008).
7. Seth Godin, *Tribes: We Need You to Lead Us* (New York: Portfolio, 2008).
8. Susan Fournier and Lara Lee, "Getting Brand Communities Right," *Harvard Business Review*, April 2009.
9. James H. Gilmore and B. Joseph Pine II, *Authenticity: What Consumers Really Want* (Boston: Harvard Business School Press, 2007).
10. Stephen R. Covey, *The 8th Habit: From Effectiveness to Greatness* (New York: Free Press, 2004).
11. Al Ries and Jack Trout, *Positioning: The Battle for Your Mind* (New York: McGraw-Hill, 1981).
12. For further reading, see Bernd H. Schmitt, *Experiential Marketing: How to*

Get Customers to Sense, Think, Act, Relate to Your Company and Brands (New York: Free Press, 1999); Marc Gobé, *Emotional Branding: The New Paradigm for Connecting Brands to People* (New York: Allworth Press, 2001); Kevin Roberts, *Lovemarks: The Future Beyond Brands* (New York: Powerhouse Books, 2004).

13. The original Brand-Positioning-Differentiation Triangle can be found in Philip Kotler, Hermawan Kartajaya, Hooi Den Huan, and Sandra Liu, *Rethinking Marketing: Sustainable Marketing Enterprise in Asia* (Singapore: Pearson Education Asia, 2002).

14. C.K. Prahalad, *The Fortune at the Bottom of the Pyramid: Eradicating Poverty through Profits* (Philadelphia: Wharton School Publishing, 2005).

15. James Austin, Herman B. Leonard, and James W. Quinn, "Timberland: Commerce and Justice," Harvard Business School Case, revised December 21, 2004.

16. Paul Dolan and Thom Elkjer, *True to Our Roots: Fermenting a Business Revolution* (New York: Bloomberg Press, 2003).

17. Peter F. Drucker, "What Business Can Learn from Nonprofits," *Classic Drucker* (Boston: Harvard Business School Press, 2006).

18. Charles Handy, "Finding Sense in Uncertainty" in Rowan Gibson, *Rethinking the Future: Rethinking Business, Principles, Competition, Control and Complexity, Leadership, Markets, and the World* (London: Nicholas Brealey Publishing, 1997).

19. Reggie Van Lee, Lisa Fabish, and Nancy McGaw, "The Value of Corporate Values," *strategy+business*, Issue 39.

第 3 章

1. Anne B. Fisher, "Coke's Brand-Loyalty Lesson," *Fortune*, August 5, 1985.

2. Lisa Abend, "The Font War: IKEA Fans Fume over Verdana," *BusinessWeek*, August 28, 2009.

3. Jack Welch and Suzy Welch, "State Your Business: Too Many Mission Statements Are Loaded with Fatheaded Jargon. Play it Straight," *BusinessWeek*, January 14, 2008.

4. Paul B. Brown, "Stating Your Mission in No Uncertain Terms," *New York Times*, September 1, 2009.

5. George S. Day and Paul J.H. Schoemaker, "Are You a 'Vigilant Leader'?" *MIT Sloan Management Review*, Spring 2008, Vol. 49 No. 3.

6. Michael Maccoby, *Narcissistic Leaders: Who Succeeds and Who Fails* (Boston: Harvard Business School Press, 2007).

7. Peter F. Drucker, "What Business Can Learn from Nonprofits," *Classic Drucker* (Boston: Harvard Business School Press, 2006).

8. Saul Hansell, "A Surprise from Amazon: Its First Profit," *New York Times*, January 23, 2002.

9. Rafe Needleman, "Twitter Still Has No Business Model, and That's OK," *CNET News*, March 27, 2009.

10. Laura Locke, "The Future of Facebook," *Time*, July 7, 2007.

11. B. Joseph Pine II and James H. Gilmore, *The Experience Economy: Work Is Theater and Every Business a Stage* (Boston: Harvard Business Press, 1999).

12. Noel Tichy, *Leadership Engine: How Winning Companies Build Leaders at Every Level* (New York: HarperCollins, 2002).

13. Steven Prokesch, "How GE Teaches Teams to Lead Change," *Harvard Business Review*, January 2009.

14. "Storytelling that Moves People: A Conversation with Screenwriting Coach Robert McKee," *Harvard Business Review*, June 2003.

15. Douglas B. Holt, *How Brands Become Icons: The Principles of Cultural Branding* (Boston: Harvard Business School Press, 2004).

16. Chip Heath and Dan Heath, *Made to Stick: Why Some Ideas Survive and Others Die* (New Yok: Random House, 2007).

17. Gerald Zaltman and Lindsay Zaltman, *Marketing Metaphoria: What*

Deep Metaphors Reveal about the Minds of Consumers (Boston: Harvard Business School Press, 2008).

18. David P. Reed, "The Law of the Pack," *Harvard Business Review*, February 2001.

19. For an update, visit the official web site at www.project10tothe100.com.

20. Brian Morrissey, "Cause Marketing Meets Social Media," *Adweek*, May 18, 2009.

21. B. Joseph Pine and James H. Gilmore, "Keep It Real: Learn to Understand, Manage, and Excel at Rendering Authenticity," *Marketing Management*, January/February 2008.

22. Frederick F. Reichheld, "The One Number You Need to Grow," *Harvard Business Review*, December 2003.

23. Dan Schawbel, "Build a Marketing Platform like a Celebrity," *BusinessWeek*, August 8, 2009.

24. Sam Knight, "Insight: My Secret Love," *Financial Times*, July 25, 2009.

第 4 章

1. Gina McColl, "Business Lacks Respect," *BRW*, Vol. 31, Issue 25, June 25, 2009.

2. Bethany McLean and Peter Elkind, *The Smartest Guys in the Room: The Amazing Rise and Scandalous Fall of Enron* (New York: Portfolio, 2003).

3. Sarah F. Gold, Emily Chenoweth, and Jeff Zaleski, "The Smartest Guys in the Room: The Amazing Rise and Scandalous Fall of Enron," *Publishers Weekly*, Vol. 250, Issue 41, October 13, 2003.

4. Alaina Love, "Flawed Leadership Values: The AIG Lesson," *BusinessWeek*, April 3, 2009.

5. Jake DeSantis, "Dear AIG, I Quit!" *New York Times*, March 25, 2009.

6. Neeli Bendapudi and Venkat Bendapudi, "How to Use Language that Employees Get," *Harvard Business Review*, September 2009.

7. Patrick M. Lencioni, "Make Your Values Mean Something," *Harvard Business Review*, July 2002.

8. 表 4-1 中的信息有多个来源，主要是相关企业的网站、《财富》杂志和《快公司》杂志等。

9. Leonard L. Berry and Kent D. Seltman, *Management Lessons from Mayo Clinic: Inside One of the World's Most Admired Service Organizations* (New York: McGraw-Hill, 2008).

10. Elizabeth G. Chambers, Mark Foulon, Helen Handfield-Jones, Steve M. Hankin, and Edward G. Michaels III, "The War for Talent," *The McKinsey Quarterly*, Number 3, 1998.

11. David Dorsey, "The New Spirit of Work," *Fast Company*, July 1998.

12. Douglas A. Ready, Linda A. Hill, and Jay A. Conger, "Winning the Race for Talent in Emerging Markets," *Harvard Business Review*, November 2008.

13. Brian R. Stanfield, "Walking the Talk: The Questions for All Corporate Ethics and Values Is: How Do They Play Out in Real Life?" *Edges Magazine*, 2002.

14. Social and Environmental Assessment 2007, accessed online at www.benjerry.com/company/sear/2007/index.cfm, Ben & Jerry's, 2008.

15. "The Body Beautiful—Ethical Business," *The Economist*, March 26, 2006.

16. William B. Werther, Jr. and David Chandler, *Strategic Corporate Social Responsibility: Stakeholders in a Global Environment* (Thousand Oaks, CA: Sage Publications, 2006).

17. Michael E. Porter and Mark R. Kramer, "Strategy & Society: The Link between Competitive Advantage and Corporate Social Responsibility," *Harvard Business Review*, December 2006.

18. Nicholas Ind, *Living the Brand: How to Transform Every Member of Your Organization into a Brand Champion* (London: Kogan Page, 2007).

19. Rosabeth Moss Kanter, "Transforming Giants," *Harvard Business Review*,

January 2008.

20. Brian O'Reilly, "The Rent-a-Car Jocks Who Made Enterprise #1," *Fortune*, October 26, 1996.

21. Jim Collins, "Align Action and Values," *Leadership Excellence*, January 2009.

22. Chris Murphy, "S.C. Johnson Does More than Talk," *Information Week*, 19 September 2005.

23. Robert Levering, "The March of Flextime Transatlantic Trends," *Financial Times*, April 28, 2005.

24. Tamara J. Erickson and Lynda Gratton, "What It Means to Work Here," *Harvard Business Review*, March 2007.

25. Charles Fishman, "The War for Talent," *Fast Company*, December 18, 2007.

26. Greg Hills and Adeeb Mahmud, "Volunteering for Impact: Best Practices in International Corporate Volunteering," FSG Social Impact Advisor, September 2007.

27. Rosabeth Moss Kanter, *SuperCorp: How Vanguard Companies Create Innovation, Profits, Growth, and Social Good* (New York: Random House, 2009).

第 5 章

1. Andrew Park, "Michael Dell: Thinking Out of the Box," *BusinessWeek*, November 24, 2004.

2. Sunil Chopra, "Choose the Channel that Matches Your Product," *Supply Chain Strategy*, 2006.

3. Olga Kharif, "Dell: Time for a New Model," *BusinessWeek*, April 6, 2005.

4. Mitch Wagner, "IT Vendors Embrace Channel Partners," *BtoB*, September 9, 2002.

5. Paul Kunert, "Dell in Channel Embrace," *MicroScope*, May 7, 2007.

6. Scott Campbell, "Dell and the Channel: One Year Later," *Computer Reseller News*, August 11, 2008.

7. James Gustave Speth, "Doing Business in a Post-Growth Society," *Harvard Business Review*, September 2009.

8. The complete story of The Body Shop can be found in Christopher Bartlett, Kenton Elderkin, and Krista McQuade, "The Body Shop International," Harvard Business School Case, 1995.

9. The complete story of Ben & Jerry's in Russia can be found in Iris Berdrow and Henry W. Lane, "Iceverks: Ben & Jerry's in Russia," Richard Ivey School of Business Case, 1993.

10. Neil Rackham, Lawrence Friedman, and Richard Ruff, *Getting Partnering Right: How Market Leaders Are Creating Long-Term Competitive Advantage* (New York: McGraw-Hill, 1996).

11. Tony Haitao Cui, Jagmohan S. Raju, and Z. John Zhang, "Fairness and Channel Coordination," *Management Science*, Vol. 53, No. 8, August 2007.

12. Maria Shao and Glenn Carrol, "Maria Yee Inc.: Making 'Green' Furniture in China," Stanford Graduate School of Business Case, 2009.

13. Sushil Vachani and N. Craig Smith, "Socially Responsible Distribution: Strategies for Reaching the Bottom of the Pyramid," *California Management Review*, 2008.

14. "New data show 1.4 billion live on less than $1.25 a day, but progress against poverty remains strong," 2008.

15. Sushil Vachani and N. Craig Smith, "Socially Responsible Distribution: Strategies for Reaching the Bottom of the Pyramid," *California Management Review*, 2008.

16. Based on Nielsen Online Global Consumer Study, April 2007.

第 6 章

1. Yalman Onaran and Christopher Scinta, "Lehman Files Biggest Bankruptcy

Case as Suitors Balk," *Bloomberg*, September 15, 2008.

2. John H. Cochrane and Luigi Zingales, "Lehman and the Financial Crisis," *Wall Street Journal*, September 15, 2009.

3. Jim Collins, *How the Mighty Fall and Why Some Companies Never Give In* (New York: HarperBusiness, 2009).

4. "Overcoming Short-termism: A Call for a More Responsible Approach to Investment and Business Management." The Aspen Institute, 2009.

5. "Shareholder Rights and Wrongs," *The Economist*, August 8, 2009.

6. Alfred Rappaport, "10 Ways to Create Shareholder Value," *Harvard Business Review*, September 2006.

7. Philip Kotler, Hermawan Kartajaya, David Young, *Attracting Investors: A Marketing Approach to Finding Funds for Your Business* (Hoboken, NJ: John Wiley & Sons, 2004).

8. Jim C. Collins and Jerry I. Porras, "Organizational Vision and Visionary Organization," *California Management Review*, Fall 1991.

9. "Forging a Link between Shareholder Value and Social Good," *Knowledge@ Wharton*, May 19, 2003.

10. "The Disappearing Mid-Market," *The Economist*, May 18, 2006.

11. Trond Riiber Knudsen, Andreas Randel, and Jorgen Rughølm, "The Vanishing Middle Market," *The McKinsey Quarterly*, Number 4, 2004.

12. C.K. Prahalad, *The Fortune at the Bottom of the Pyramid: Eradicating Poverty through Profits* (Philadelphia: Wharton School Publishing, 2005); Stuart L. Hart, *Capitalism at the Crossroads: The Unlimited Business Opportunities in Solving the World's Most Difficult Problems* (Philadelphia: Wharton School Publishing, 2005).

13. Clayton M. Christensen, *The Innovator's Dilemma: When New Technologies Cause Great Firms to Fail* (New York: HarperBusiness, 2000).

14. Philip Kotler and Nancy R. Lee, *Up and Out of Poverty: The Social Marketing Solution* (Philadelphia: Wharton School Publishing, 2009).

15. Muhammad Yunus, *Banker to the Poor: Micro-Lending and the Battle*

against World Poverty (New York: PublicAffairs, 2007).

16. Arphita Khare, "Global Brands Making Foray in Rural India," *Regent Global Business Review*, April 2008.

17. Lynelle Preston, "Sustainability at Hewlett-Packard: From Theory to Practice," *California Management Review*, Spring 2001.

18. Marc Gunther, "The Green Machine," *Fortune*, July 31, 2006.

19. Al Gore and David Blood, "We Need Sustainable Capitalism," *Wall Street Journal*, November 5, 2008.

20. Marc Gunther, "Money and Morals at GE," *Fortune*, November 15, 2004.

21. Daniel Mahler, "Green Winners: The Performance of Sustainability-focused Companies in the Financial Crisis," A.T. Kearney, February 9, 2009.

22. "Doing Good: Business and the Sustainability Challenge," Economist Intelligence Unit, 2008.

23. KLD Broad Market Social Index Fact Sheet, KLD Research & Analytics, 2009.

24. FTSE4Good Index Series Inclusion Criteria, FTSE International Limited, 2006.

25. *Dow Jones Sustainability World Index Guide Book Version 11.1*, Dow Jones, September 2009.

26. "Introducing GS Sustain," Goldman Sach Investment Research, June 22, 2007.

27. Lenny T. Mendonca and Jeremy Oppenheim, "Investing in Sustainability: An Interview with Al Gore and David Blood," *The McKinsey Quarterly*, May 2007.

28. Bob Willard, *The Next Sustainability Wave: Building Boardroom Buy-in* (British Columbia: New Society Publishers, 2005).

29. "Valuing Corporate Social Responsibility," *The McKinsey Quarterly*, February 2009.

30. Lutz Kaufmann, Felix Reimann, Matthias Ehrgott, and Johan Rauer,

"Sustainable Success: For Companies Operating in Developing Countries, It Pays to Commit to Improving Social and Environmental Conditions," *Wall Street Journal*, June 22, 2009.

31. Carol Stephenson, "Boosting the Triple Bottom Line," *Ivey Business Journal*, January/February 2008.

32. 2009 Cone Consumer Environmental Survey, Cone, 2009.

33. Sally Cohen, "Making the Case for Environmentally and Socially Responsible Consumer Products," Forrester, 2009.

34. Mary Jo Hatch and Majken Schultz, "Are the Stars Aligned for Your Corporate Brand?," *Harvard Business Review*, February 2001.

35. BSR/Cone 2008 Corporate Sustainability in a New World Survey, Cone, 2008.

36. Jez Frampton, "Acting Like a Leader: The Art of Sustainable Sustainability," Interbrand, 2009.

第 7 章

1. B. Joseph Pine II and James H. Gilmore, *The Experience Economy: Work Is Theater and Every Business a Stage* (Boston: Harvard Business Press, 1999).

2. The 2008 Cone Cause Evolution Study, Cone, 2008.

3. Richard Stengel, "Doing Well by Doing Good," *Time*, September 10, 2009.

4. Liza Ramrayka, "The Rise and Rise of the Ethical Consumer," *Guardian*, November 6, 2006.

5. Ryan Nakashima, "Disney to Purchase Marvel Comics for $4B," *Time*, August 31, 2009.

6. David E. Bell and Laura Winig, "Disney Consumer Products: Marketing Nutrition to Children," Harvard Business School Case, 2007.

7. 这个结论是基于 2007 年和 2008 年的数据，参见 *The Walt Disney Fact Book*, 2008。

8. Matthew Boyle, "The Wegmans Way," *Fortune*, January 24, 2005.

9. Mark Tatge, "As a Grocer, Wal-Mart is No Category Killer," *Forbes*, June 30, 2003.

10. "The State of Corporate Philanthropy: A McKinsey Global Survey," *The McKinsey Quarterly*, January 2008.

11. 基于美林投资银行和凯捷咨询公司的一项调查，引自 Shu-Ching Jean Chen, "When Asia's Millionaires Splurge, They Go Big," *Fortune*, 2007。

12. Gallup Poll, December 19, 2008.

13. Emily Bryson York, "Quaker Kicks Off Brand Campaign in Times Square," *Advertising Age*, March 9, 2009.

14. Karen Egolf, "Haagen-Dazs Extends Its Honey-Bee Efforts," *Advertising Age*, August 4, 2009.

15. "Shoppers Determine Grocers' Charitable Giving," *RetailWire*, September 5, 2008.

16. Ron Irwin, "Can Branding Save the World?" *Brandchannel*, April 8, 2002.

17. "Motorola Foundation Grants $5 Million to Programs that Engage Budding Innovators," press release, Motorola, June 25, 2009.

18. 基于爱德曼公司在 2007 年 11 月 15 日发布的新闻稿中公布的一项调查，引自 Ryan McConnell, "Edelman: Consumers Will Pay Up to Support Socially Conscious Marketers," *Advertising Age*, November 16, 2007。

19. Debby Bielak, Sheila M.J. Bonini, and Jeremy M. Oppenheim, "CEOs on Strategy and Social Issues," *The McKinsey Quarterly*, October 2007.

20. Brendan C. Buescher and Paul D. Mango, "Innovation in Health Care: An Interview with the CEO of the Cleveland Clinic," *The McKinsey Quarterly*, March 2008.

21. Michael Mandel, "The Real Cost of Offshoring," *BusinessWeek*, June 18, 2007.

22. Lew McCreary, "What Was Privacy," *Harvard Business Review*, October 2008.

23. Lisa Johnson and Andrea Learned, *Don't Think Pink: What Really Makes*

Women Buy—and How to Increase Your Share of This Crucial Market (New York: AMACOM, 2004).

24. Michael J. Silverstein and Kate Sayre, "The Female Economy," *Harvard Business Review*, September 2009

25. Sylvia Ann Hewlett, Laura Sherbin, and Karen Sumberg, "How Gen Y & Boomers Will Reshape Your Agenda," *Harvard Business Review*, July–August 2009.

26. Ian Rowley and Hiroko Tashiro, "Japan: Design for the Elderly," *BusinessWeek*, May 6, 2008.

27. "Burgeoning Bourgeoisie," *The Economist*, February 12, 2009.

28. Sheila Bonini, Jieh Greeney, and Lenny Mendonca, "Assessing the Impact of Societal Issues: A McKinsey Global Survey," *The McKinsey Quarterly*, November 2007.

29. Tim Sanders, "Social Responsibility Is Dead," *Advertising Age*, September 17, 2009.

30. Human-Centered Design: An Introduction, *IDEO*, 2009.

第 8 章

1. Press release: Nobel Peace Prize 2006, Oslo, October 13, 2006.

2. Ethan B. Kapstein, *Economic Justice: Towards a Level Playing Field in an Unfair World* (Princeton: Princeton University Press, 2006).

3. C.K. Prahalad, *The Fortune at the Bottom of the Pyramid: Eradicating Poverty through Profits* (Philadelphia: Wharton School Publishing, 2005).

4. Fareed Zakaria, *Post-American World* (New York: W.W. Norton & Co., 2008).

5. Eric D. Beinhocker, Diana Farrell, and Adil S. Zainulbhai, "Tracking the Growth of India's Middle Class," *The McKinsey Quarterly*, August 2007.

6. Jeffrey D. Sachs, *The End of Poverty: Economic Possibilities for Our Time* (New York: Penguin Press, 2005).

7. U.N. Millennium Project 2005, Investing in Development: A Practical Plan to Achieve the Millennium Development Goals: Overview, United Nations Development Program, 2005.

8. From ITC's website, www.itcportal.com/rural-development/ echoupal.html.

9. Ruma Paul, "Bangladesh Grameenphone Eyes Rural Users with New Plan," *Reuters*, December 1, 2008.

10. Luis Alberto Moreno, "Extending Financial Services to Latin America's Poor," *The McKinsey Quarterly*, March 2007.

11. From Unilever's web site, www.unilever.com/sustainability/.

12. "Dell Eyes $1 Billion Market in India," *The Financial Express*, August 13, 2008.

13. "China to Increase Investment in Rural Areas by over 100 Billion Yuan," *People' Daily*, January 31, 2008.

14. Patrick Barta and Krishna Pokharel, "Megacities Threaten to Choke India," *Wall Street Journal*, May 13, 2009.

15. Stuart L. Hart, *Capitalism at the Crossroads: The Unlimited Business Opportunities in Solving the World's Most Difficult Problems* (Philadelphia: Wharton School Publishing, 2005).

16. Clayton M. Christensen, *The Innovator's Dilemma: When New Technologies Cause Great Firms to Fail* (New York: HarperBusiness, 2000).

17. Garry Emmons, "The Business of Global Poverty: Interview with Michael Chu," Harvard Business School Working Knowledge, April 4, 2007.

18. Sheridan Prasso, "Saving the World with a Cup of Yogurt," *Fortune*, March 15, 2007.

19. Press release—Danone, "Launching of Danone Foods Social Business Enterprise," March 16, 2006.

20. Muhammad Yunus, "Social Business Entrepreneurs Are the Solution," www.grameen-info.org/bank/socialbusiness entrepreneurs.htm.(last modified August 20, 2005, last accessed May 2, 2007).

21. Don Johnston, Jr. and Jonathan Morduch, "The Unbanked: Evidence from

Indonesia," *The World Bank Economic Review*, 2008.

22. Michael Chu, "Commercial Returns and Social Value: The Case of Microfinance," Harvard Business School Conference on Global Poverty, December 2, 2005.

23. From Unilever's web site: www.unilever.com/sustainability/casestudies/ health-nutrition-hygiene/globalpartnershipwithunicef.aspx.

24. From Holcim's website www.holcim.com/CORP/EN/id/1610640158/ mod/7_2_5_0/page/case study.html.

25. Steve Hamm, "The Face of the $100 Laptop," *BusinessWeek*, March 1, 2007.

26. Farhad Riahi, "Pharma's Emerging Opportunity," *The McKinsey Quarterly*, September 2004.

27. Nicholas P. Sullivan, *You Can Hear Me Now: How Microloans and Cell Phones Are Connecting the World's Poor to the Global Economy* (San Francisco, Jossey-Bass, 2007).

28. "Marketing to Rural India: Making the Ends Meet," *India Knowledge@ Wharton*, March 8, 2007.

29. Kunal Sinha, John Goodman, Ajay S. Moorkerjee, and John A. Quelch, "Marketing Programs to Reach India's Underserved," in V. Kasturi Rangan, John A. Quelch, Gustavo Herrero, and Brooke Barton (editors), *Business Solutions for the Global Poor: Creating Social and Economic Value* (San Francisco: Jossey-Bass, 2007).

30. 价值观和生活方式分类体系可以根据驱动消费者行为的基本个性特征,对消费者市场进一步细分,从而发现当前和未来的机会。要了解对于这种市场细分方法的详细描述,可参见 www.sric-bi.com/VALS/。

31. Douglas B. Holt, *How Brands Become Icons: The Principles of Cultural Branding* (Boston: Harvard Business School Press, 2004).

32. Cécile Churet & Amanda Oliver, *Business for Development*, World Business Council for Sustainable Development, 2005.

33. From the Co-operative Group's website: www.cooperative.coop/.

34. Guillermo D'Andrea and Gustavo Herrero, "Understanding Consumers and Retailers at the Base of the Pyramid in Latin America," Harvard Business School Conference on Global Poverty, December 2, 2005.

35. Christopher P. Beshouri, "A Grassroots Approach to Emerging Market Consumers," *The McKinsey Quarterly*, 2006, Number 4.

第 9 章

1. The DuPont Case is mainly written based on an article by Nicholas Varchaver, "Chemical Reaction," *Fortune*, March 22, 2007.

2. Stuart L. Hart, "Beyond Greening: Strategies for a Sustainable World," *Harvard Business Review*, January-February 1997.

3. Marc Gunther, "Green is Good," *Fortune Magazine*, March 22, 2007.

4. Noah Walley and Bradley Whitehead, "It's Not Easy Being Green," *Harvard Business Review*, May–June 1994.

5. The Wal-Mart Case is mainly written based on an article by Marc Gunther, "The Green Machine," *Fortune*, July 31, 2006.

6. From www.dictionary.com.

7. "Is Wal-Mart Going Green?" *MSNBC News Services*, October 25, 2005.

8. Timberland homepage, www.timberland.com, May 11, 2007.

9. Jayne O'Donnell and Christine Dugas, "More Retailers Go for Green-the Eco Kind," *USA Today*, April 19, 2007.

10. Marc Gunther, "Compassionate Capitalism at Timberland," *Fortune*, February 8, 2006.

11. Daniel C. Esty and Andrew S. Winston, *Green to Gold: How Smart Companies Use Environmental Strategy to Innovate, Create Value, and Build Competitive Advantage* (New Haven, CT: Yale University Press, 2006).

12. 价值观和生活方式分类体系可以根据驱动消费者行为的基本个性特征将消费者市场进一步细分，从而发现当前和未来的机会。

13. Anne Underwood, "10 Fixes for the Planet," *Newsweek*, May 5, 2008.

14. Read more about how to nudge customers toward more responsible options in Richard H. Thaler and Cass R. Sunstein, *Nudge: Improving Decisions about Health, Wealth, and Happiness* (New Haven, CT: Yale University Press, 2008).

15. Charles Lockwood, "Building the Green Way," *Harvard Business Review*, June 2006.

16. Geoffrey A. Moore, *Crossing the Chasm: Marketing and Selling High Tech to Mainstream Customers* (New York: HarperBusiness, 1999).

第 10 章

1. For more information about MDGs, see www.un.org/millenniumgoals/.

2. Cécile Churet & Amanda Oliver, *Business for Development: Business Solutions in Support of the Millennium Development Goals*, World Business Council for Sustainable Development, 2005.

3. Donald B. Calne, *Within Reason: Rationality and Human Behavior* (New York: Pantheon Books, 1999).

4. Stephanie Thompson, "Breast Cancer Awareness Strategy Increases Sales of Campbell's Soup: Pink-Labeled Cans a Hit with Kroger Customers," *AdvertisingAge*, October 3, 2006.

5. Sébastien Miroudot, "The Linkages between Open Services Market and Technology Transfer," OECD Trade Policy Working Paper No. 29, January 27, 2006.

6. Adam M. Brandenburger and Barry J. Nalebuff, *Co-opetition: A Revolutionary Mindset that Combines Competition and Cooperation . . . The Game Theory Strategy that's Changing the Game of Business* (New York: Currency Doubleday, 1996).

7. "Increasing People's Access to Essential Medicines in Developing Countries: A Framework for Good Practice in the Pharmaceutical Industry," A UK Government Policy Paper, Department for International Development,

March 2005.

8. Martin Hickman, "(RED) Phone Unites Rival Telecom Operators in Battle against AIDS," *The Independent*, May 16, 2006.

9. Alex Taylor III, "Toyota: The Birth of the Prius," *Fortune*, February 21, 2006.

10. Marc Gunther, "The Green Machine," *Fortune*, July 31, 2006.

11. Tarun Khanna and Krishna G. Palepu, "Emerging Giants: Building World-Class Companies in Developing Countries," *Harvard Business Review*, October 2006.

12. Cécile Churet & Amanda Oliver, *Op.Cit.*

13. Cécile Churet & Amanda Oliver, *Op.Cit.*

14. Cécile Churet & Amanda Oliver, *Op.Cit.*

15. Ira A. Jackson and Jane Nelson, *Profit with Principles: Seven Strategies for Delivering Value with Values* (New York: Currency Doubleday, 2004).

16. Philip Kotler and Nancy Lee, *Corporate Social Responsibility: Doing the Most Good for Your Company and Your Cause* (Hoboken, NJ: John Wiley & Sons, 2005).

17. Cécile Churet & Amanda Oliver, *Op.Cit.*

18. Andrew W. Savitz and Karl Weber, *The Triple Bottom Line: How Today's Best-Run Companies Are Achieving Economic, Social, and Environmental Success—and How You Can Too* (San Francisco: Jossey-Bass, 2006).